大数据创新人才培养系列

数据采集与预处理

DATA COLLECTION
AND PREPROCESSING

林子雨 ◎ 编著

人 民 邮 电 出 版 社

北 京

图书在版编目（CIP）数据

数据采集与预处理 / 林子雨编著. -- 北京：人民
邮电出版社，2022.2（2024.6重印）
（大数据创新人才培养系列）
ISBN 978-7-115-58063-4

Ⅰ．①数… Ⅱ．①林… Ⅲ．①数据采集－高等学校－
教材②数据处理－高等学校－教材 Ⅳ．①TP274

中国版本图书馆CIP数据核字(2021)第242202号

内 容 提 要

本书详细阐述了大数据领域数据采集与预处理的相关理论和技术。全书共 8 章，内容包括概述、大数据实验环境搭建、网络数据采集、分布式消息系统 Kafka、日志采集系统 Flume、数据仓库中的数据集成、ETL 工具 Kettle、使用 pandas 进行数据清洗。本书在第 3 章至第 8 章中安排了丰富的实践操作，以便读者更好地学习和掌握数据采集与预处理的关键技术。

本书可以作为高等院校大数据专业的大数据课程教材，也可供相关技术人员参考。

◆ 编 著 林子雨
 责任编辑 孙 澍
 责任印制 王 郁 马振武

◆ 人民邮电出版社出版发行　　北京市丰台区成寿寺路 11 号
 邮编 100164　电子邮件 315@ptpress.com.cn
 网址 https://www.ptpress.com.cn
 山东百润本色印刷有限公司印刷

◆ 开本：787×1092　1/16
 印张：16.25　　　　　　　　2022 年 2 月第 1 版
 字数：404 千字　　　　　　　2024 年 6 月山东第 8 次印刷

定价：59.80 元

读者服务热线：(010)81055256　印装质量热线：(010)81055316
反盗版热线：(010)81055315
广告经营许可证：京东市监广登字 20170147 号

前　言

　　大数据作为继云计算、物联网之后，IT 行业又一颠覆性的技术，备受人们关注。大数据无处不在，包括金融、汽车、零售、餐饮、电信、能源、政务、医疗、体育、娱乐等在内的社会各行各业，都已打上大数据的印记。大数据对人类社会的生产和生活必将产生重大而深远的影响。

　　对于一个国家而言，能否紧紧抓住大数据发展机遇，快速形成核心技术和应用，参与新一轮的全球化竞争，将直接影响它在未来若干年世界各国科技力量博弈中的地位。大数据专业人才的培养是新一轮科技较量的基础，高等院校承担着大数据人才培养的重任。在我国，大数据专业已经成为一个声名鹊起的"新工科"专业。目前，国内高校开设的大数据专业主要包括本科院校设立的"数据科学与大数据技术"专业和高职院校设立的"大数据技术与应用"专业。截至 2021 年，全国已经有 1000 余所高校设立了大数据专业。

　　高质量的教材是推进高校大数据专业建设的关键支撑。大数据分析全流程包括数据采集与预处理、数据存储与管理、数据处理与分析、数据可视化等，因此，大数据专业教材应该涵盖上述所有领域。从市场上现有的教材来看，数据存储与管理、数据处理与分析、数据可视化等领域的教材已经非常丰富，完全可以满足高校教学的实际需求，唯独数据采集与预处理这个领域，目前相关教材还非常缺乏，不能满足广大高校的开课需求，这是作者撰写本书的原因。

　　● 写作背景

　　笔者带领的厦门大学数据库实验室团队，从 2013 年开始探索大数据教学，是国内高校较早进行大数据教学实践的团队之一。到目前为止，我们已经建立了一套较为完整的大数据专业教材体系，内容涵盖大数据入门课程、进阶课程和实训课程。同时我们也为教材配套打造了在线的"高校大数据课程公共服务平台"，为全国高校师生提供包括讲义演示文稿、授课视频、实验手册、课后习题等在内的大数据教学配套资源。目前该平台已经成为国内高校大数据教学知名品牌，累计访问量超过 1000 万次，并荣获"2018 年福建省教学成果二等奖"和"2018 年厦门大学教学成果特等奖"。团队前期 9 本大数据教材的写作，为笔者撰写本书提供了很好的经验，使得笔者对如何安排本书的知识结构有了更清晰的认识。笔者从 2002 年开始专门从事数据库和数据挖掘的研究，近 20 年的研究和项目经验积累，也为本书的撰写打下了较好的基础。

　　● 本书内容

　　本书共 8 章，详细介绍了大数据领域数据采集与预处理的相关理论和技术。

　　第 1 章概要性地介绍数据采集的概念、要点、数据源，以及数据采集、数据清洗、数据转换和数据脱敏。

　　第 2 章介绍大数据实验环境搭建，包括 Python、JDK、MySQL、Hadoop 的安装和使用方法。本章是后续章节开展实验操作的基础。

第 3 章介绍网络数据采集，包括网络爬虫的概念、网页爬取与解析方法、Scrapy 框架等。

第 4 章介绍分布式消息系统 Kafka 的原理、安装和使用方法，并给出了使用 Python 操作 Kafka 的方法以及 Kafka 和 MySQL 的组合使用方法。

第 5 章介绍日志采集系统 Flume 的原理、安装和使用方法，包括 Flume 和 Kafka 的组合使用方法、采集日志文件到 HDFS 的方法、采集 MySQL 数据到 HDFS 的方法等。

第 6 章介绍数据仓库中的数据集成，包括数据集成方式、数据分发方式和数据集成技术。

第 7 章介绍 ETL 工具 Kettle 的安装和使用方法，并通过实例演示了使用 Kettle 转化 MySQL 数据库中的数据、把 Excel 文件导入 MySQL 数据库、把文本文件导入 MySQL 数据库、把本地文件加载到 HDFS 中以及把 HDFS 文件加载到 MySQL 数据库中的具体方法。

第 8 章介绍了如何使用 pandas 进行数据清洗，并通过 4 个综合实例展示了 pandas 的应用方法。

本书在搭建大数据实验环境时采用了 Windows 操作系统，没有采用 Linux 操作系统，这主要是为了降低实验环境搭建门槛，降低教学难度，确保学生顺利完成实验。在实际的企业大数据应用场景中，一般都是采用 Linux 操作系统，为了让教学环境贴近企业实际生产环境，按道理应当首选 Linux 操作系统。实际上，笔者此前撰写的《大数据技术原理与应用》《大数据基础编程、实战和案例教程》《Spark 编程基础》《Flink 编程基础》等大数据教材，都采用了 Linux 操作系统。但是，在高校开课时，本书对应课程的开课时间要早于《大数据技术原理与应用》《大数据基础编程、实战和案例教程》《Spark 编程基础》《Flink 编程基础》等对应课程的开课时间，在使用本书时，学生基本上还没有学习过大数据核心课程，也没有搭建过大数据实验环境，如果直接使用 Linux 操作系统讲授，由于大数据的各种软件在 Linux 操作系统下的安装比较烦琐，会给学生学习带来很大障碍，直接导致很多实验无法开展。因此，为了保证教学顺利进行，笔者决定使用 Windows 操作系统来搭建大数据实验环境。

- 本书特色

1. 容易开展上机实践操作。本书采用 Windows 操作系统搭建实验环境，以 Python 作为编程语言，入门门槛低，学生很容易完成书上的各种上机实验。

2. 包含丰富的实例。数据采集与预处理是一门注重培养学生动手能力的课程，为此，全书提供了丰富的实例。

3. 提供丰富的教学配套资源。为了帮助高校一线教师更好地开展教学工作，本书配有丰富的教学资源，如讲义演示文稿、教学大纲、实验手册以及在线自主学习平台等。

- 使用指南

本书共 8 章，授课教师可按模块化结构组织教学。下面的"学时建议表"给出了具体的学时建议，总计 24 学时。

学时建议表

章	学时
第 1 章　概述	2
第 2 章　大数据实验环境搭建	2
第 3 章　网络数据采集	4
第 4 章　分布式消息系统 Kafka	2
第 5 章　日志采集系统 Flume	2
第 6 章　数据仓库中的数据集成	2
第 7 章　ETL 工具 Kettle	4
第 8 章　使用 pandas 进行数据清洗	6

此外，选用本书的授课教师可以通过人邮教育社区（www.ryjiaoyu.com）免费下载本书配套的丰富教学资源。

本书由林子雨执笔。在撰写过程中，厦门大学计算机科学系硕士研究生郑宛玉、陈杰祥、陈绍纬、周伟敬、阮敏朝、刘官山、黄连福等做了大量辅助性工作，在此，向这些同学表示衷心地感谢。同时，感谢夏小云老师在书稿校对过程中的辛勤付出。

在学习大数据课程的过程中，欢迎读者访问厦门大学数据库实验室建设的国内高校首个大数据课程公共服务平台（http://dblab.xmu.edu.cn/post/bigdata-teaching-platform/），该平台为教师和学生提供讲义 PPT、学习指南、备课指南、上机习题、技术资料、授课视频等全方位、一站式免费服务。同时，该平台为本书免费提供全部配套资源的在线浏览和下载，并接受错误反馈和发布勘误信息，访问地址为 http://dblab.xmu.edu.cn/post/data-collection/。

笔者在撰写本书过程中参考了大量网络资料，对大数据技术及其典型软件进行了系统梳理，有选择性地纳入重要知识。由于笔者能力有限，书中难免存在不足之处，望广大读者不吝赐教。

林子雨

厦门大学计算机科学系数据库实验室

2021 年 9 月

目　录

第1章　概述·····································1

1.1　数据·····································1
1.1.1　数据的概念·····················1
1.1.2　数据类型·························2
1.1.3　数据的组织形式·················2
1.1.4　数据的价值·······················3
1.1.5　数据爆炸·························3
1.2　数据分析过程·····························4
1.3　数据采集与预处理的任务·················4
1.4　数据采集·································5
1.4.1　数据采集的概念···················5
1.4.2　数据采集的三大要点···············5
1.4.3　数据采集的数据源·················6
1.4.4　数据采集方法·····················7
1.5　数据清洗·································8
1.5.1　数据清洗的应用领域···············8
1.5.2　数据清洗的实现方式···············9
1.5.3　数据清洗的内容···················9
1.5.4　数据清洗的注意事项··············10
1.5.5　数据清洗的基本流程··············10
1.5.6　数据清洗的评价标准··············11
1.6　数据集成································11
1.7　数据转换································12
1.7.1　数据转换策略····················12
1.7.2　平滑处理························12
1.7.3　规范化处理······················14
1.8　数据脱敏································15
1.8.1　数据脱敏原则····················15
1.8.2　数据脱敏方法····················16
1.9　本章小结································16
1.10　习题···································16

第2章　大数据实验环境搭建·············18

2.1　Python 的安装和使用·····················18
2.1.1　Python 简介·····················18
2.1.2　Python 的安装···················20
2.1.3　Python 的基本使用方法···········20
2.1.4　Python 基础语法知识·············22
2.1.5　Python 第三方模块的安装·········26
2.2　JDK 的安装······························27
2.3　MySQL 数据库的安装和使用·············28
2.3.1　关系数据库······················28
2.3.2　关系数据库标准语言 SQL··········29
2.3.3　安装 MySQL·····················31
2.3.4　MySQL 数据库的使用方法·········34
2.3.5　使用 Python 操作 MySQL
　　　 数据库························36
2.4　Hadoop 的安装和使用····················39
2.4.1　Hadoop 简介····················39
2.4.2　分布式文件系统 HDFS············41
2.4.3　Hadoop 的安装···················42
2.4.4　HDFS 的基本使用方法············44
2.5　本章小结································46
2.6　习题····································46
实验 1　熟悉 MySQL 和 HDFS 操作··········46

第3章　网络数据采集····················49

3.1　网络爬虫概述····························49
3.1.1　什么是网络爬虫··················49
3.1.2　网络爬虫的类型··················50
3.1.3　反爬机制························50
3.2　网页基础知识····························51
3.2.1　超文本和 HTML··················51
3.2.2　HTTP····························51

3.3 用 Python 实现 HTTP 请求 ·········· 52
  3.3.1 urllib 模块 ·························· 52
  3.3.2 urllib3 模块 ························ 53
  3.3.3 requests 模块 ···················· 54
3.4 定制 requests ··························· 54
  3.4.1 传递 URL 参数 ·················· 54
  3.4.2 定制请求头 ······················ 55
  3.4.3 网络超时 ························· 56
3.5 解析网页 ······························· 56
  3.5.1 BeautifulSoup 简介 ·············· 56
  3.5.2 BeautifulSoup 四大对象 ········· 58
  3.5.3 遍历文档树 ······················ 60
  3.5.4 搜索文档树 ······················ 64
  3.5.5 CSS 选择器 ······················ 67
3.6 综合实例 ······························· 68
  3.6.1 实例 1：采集网页数据保存到文本
     文件 ····························· 69
  3.6.2 实例 2：采集网页数据保存到
     MySQL 数据库 ················ 71
3.7 Scrapy 框架 ·························· 73
  3.7.1 Scrapy 框架概述 ················ 73
  3.7.2 XPath 语言 ····················· 75
  3.7.3 Scrapy 框架应用实例 ··········· 78
3.8 本章小结 ······························· 85
3.9 习题 ··································· 85
实验 2 网络爬虫初级实践 ················ 86

第 4 章 分布式消息系统 Kafka ········· 88
4.1 Kafka 简介 ··························· 88
  4.1.1 Kafka 的特性 ··················· 88
  4.1.2 Kafka 的应用场景 ·············· 89
  4.1.3 Kafka 的消息传递模式 ········· 89
4.2 Kafka 在大数据生态系统中的作用 ······ 90
4.3 Kafka 与 Flume 的区别与联系 ······ 91
4.4 Kafka 相关概念 ····················· 91
4.5 Kafka 的安装和使用 ················ 93
  4.5.1 安装 Kafka ····················· 93
  4.5.2 使用 Kafka ····················· 93
4.6 使用 Python 操作 Kafka ··········· 94
4.7 Kafka 与 MySQL 的组合使用 ······ 97

4.8 本章小结 ······························· 99
4.9 习题 ··································· 99
实验 3 熟悉 Kafka 的基本使用方法 ·········· 99

第 5 章 日志采集系统 Flume ········· 102
5.1 Flume 简介 ··························· 102
5.2 Flume 的安装和使用 ················ 103
  5.2.1 Flume 的安装 ·················· 103
  5.2.2 Flume 的使用 ·················· 103
5.3 Flume 和 Kafka 的组合使用 ······ 107
5.4 采集日志文件到 HDFS ············· 108
  5.4.1 采集目录到 HDFS ············· 108
  5.4.2 采集文件到 HDFS ············· 110
5.5 采集 MySQL 数据到 HDFS ········ 111
  5.5.1 准备工作 ························· 111
  5.5.2 创建 MySQL 数据库 ·········· 113
  5.5.3 配置和启动 Flume ············· 113
5.6 本章小结 ······························· 116
5.7 习题 ··································· 116
实验 4 熟悉 Flume 的基本使用方法 ········· 116

第 6 章 数据仓库中的数据集成 ······ 118
6.1 数据仓库的概念 ····················· 118
  6.1.1 传统的数据仓库 ················ 118
  6.1.2 实时主动数据仓库 ·············· 119
6.2 数据集成 ······························· 120
  6.2.1 数据集成方式 ··················· 120
  6.2.2 数据分发方式 ··················· 121
  6.2.3 数据集成技术 ··················· 121
6.3 ETL ································· 122
  6.3.1 ETL 简介 ······················ 122
  6.3.2 ETL 基本模块 ················· 123
  6.3.3 ETL 模式 ······················ 124
  6.3.4 ETL 工具 ······················ 125
6.4 CDC ································· 126
  6.4.1 CDC 的特性 ··················· 127
  6.4.2 CDC 的组成 ··················· 127
  6.4.3 CDC 的具体应用场景 ········· 127
  6.4.4 CDC 需要考虑的问题 ········· 128
6.5 本章小结 ······························· 129

6.6　习题 ……………………………… 129

第 7 章　ETL 工具 Kettle ………… 130

7.1　Kettle 的基本概念 ………………… 130

7.2　Kettle 的基本功能 ………………… 131

7.3　安装 Kettle ………………………… 133

7.4　数据抽取 …………………………… 134

7.4.1　把文本文件导入 Excel 文件 …… 134

7.4.2　把文本文件导入 MySQL
数据库 ………………………… 139

7.4.3　把 Excel 文件导入 MySQL
数据库 ………………………… 144

7.5　数据清洗与转换 …………………… 149

7.5.1　使用 Kettle 实现数据排序 …… 149

7.5.2　在 Kettle 中用正则表达式清洗
数据 …………………………… 153

7.5.3　使用 Kettle 去除缺失值 ……… 158

7.5.4　使用 Kettle 转化 MySQL 数据库中
的数据 ………………………… 165

7.6　数据加载 …………………………… 173

7.6.1　把本地文件加载到 HDFS 中 … 173

7.6.2　把 HDFS 文件加载到 MySQL
数据库中 ……………………… 181

7.7　本章小结 …………………………… 187

7.8　习题 ………………………………… 187

实验 5　熟悉 Kettle 的基本使用方法 … 187

第 8 章　使用 pandas 进行数据
清洗 ………………………… 190

8.1　NumPy 的基本使用方法 ………… 190

8.1.1　数组创建 …………………… 190

8.1.2　数组索引和切片 …………… 192

8.1.3　数组运算 …………………… 193

8.2　pandas 的数据结构 ……………… 194

8.2.1　Series ………………………… 194

8.2.2　DataFrame …………………… 197

8.2.3　索引对象 …………………… 202

8.3　pandas 的基本功能 ……………… 202

8.3.1　重新索引 …………………… 203

8.3.2　丢弃指定轴上的项 ………… 205

8.3.3　索引、选取和过滤 ………… 206

8.3.4　算术运算 …………………… 207

8.3.5　DataFrame 和 Series 之间的
运算 …………………………… 208

8.3.6　函数应用和映射 …………… 209

8.3.7　排序和排名 ………………… 210

8.3.8　分组 ………………………… 213

8.3.9　shape()函数 ………………… 216

8.3.10　info()函数 ………………… 216

8.3.11　cut()函数 …………………… 217

8.4　汇总和描述统计 …………………… 218

8.4.1　与描述统计相关的函数 …… 219

8.4.2　唯一值、值计数以及成员资格 … 221

8.5　处理缺失数据 ……………………… 223

8.5.1　检查缺失值 ………………… 223

8.5.2　清理/填充缺失值 …………… 224

8.5.3　排除缺少的值 ……………… 224

8.6　综合实例 …………………………… 225

8.6.1　Matplotlib 的使用方法 …… 226

8.6.2　实例 1：对一个数据集进行
基本操作 ……………………… 229

8.6.3　实例 2：百度搜索指数分析 … 230

8.6.4　实例 3：电影评分数据分析 … 232

8.6.5　实例 4：App 行为数据预处理 … 236

8.7　本章小结 …………………………… 247

8.8　习题 ………………………………… 247

实验 6　pandas 数据清洗初级实践 …… 247

参考文献 ……………………………… 250

第1章
概述

大数据本身是一座金矿、一种资源，沉睡的资源是很难创造价值的，它必须经过采集、清洗、处理、分析、可视化等加工处理过程，才能真正产生价值。数据采集和预处理是其中具有关键意义的第一道环节。通过数据采集，我们可以获取传感器数据、互联网数据、日志文件、企业业务系统数据等，用于后续的数据分析。采集得到的数据需要进行预处理，数据预处理包括数据清洗、数据转换和数据脱敏。数据清洗是发现并纠正数据文件中可识别错误的一道程序，该步骤针对数据审查过程中发现的明显错误值、缺失值、异常值、可疑数据，选用适当方法进行"清理"，使"脏"数据变为"干净"数据，有利于后续的统计分析得出可靠的结论。数据转换是把原始数据转换成符合目标算法要求的数据。数据脱敏的目的是实现对敏感数据的可靠保护。

本章首先介绍数据，包括数据的概念、类型、组织形式等；然后介绍数据分析过程以及数据采集与预处理的任务；最后介绍数据采集、数据清洗、数据集成、数据转换和数据脱敏。

1.1　数据

本节介绍数据的概念、数据的类型、数据的组织形式、数据的价值和数据爆炸。

1.1.1　数据的概念

数据是对客观事物的性质、状态以及相互关系等进行记载的物理符号或这些物理符号的组合，这些符号是可识别的、抽象的。数据和信息是两个不同的概念，信息是较为宏观的概念，它由数据排列组合而成，传达某种概念或方法，而数据则是构成信息的基本单位，离散的数据没有任何实用价值。

数据有很多种，如数字、文字、图像、声音等。随着人类社会信息化进程的加快，我们的日常生产和生活中每天都在不断产生大量的数据。数据已经渗透到当今每一个行业和业务职能领域，成为重要的生产要素。从创新到所有决策，数据推动着企业的发展，并使得各级组织的运营更为高效。可以这样说，数据将成为企业核心竞争力的关键要素。数据资源已经和物质资源、人力资源一样，成为国家的重要战略资源，影响着国家和社会的安全、稳定与发展，因此，数据也被称为"未来的石油"，如图 1-1 所示。

图 1-1　数据是"未来的石油"

1.1.2　数据类型

常见的数据类型包括文本、图片、音频、视频等。

（1）文本：文本数据是指不能参与算术运算的字符，也称为字符型数据。在计算机中，文本数据一般保存在文本文件中。文本文件是一种由若干行字符构成的计算机文件，常见格式包括 ASCII、MIME 和 TXT。

（2）图片：图片数据是指由图形、图像等构成的平面媒体。在计算机中，图片数据一般用图片格式的文件来保存。图片的格式很多，大体可以分为点阵图和矢量图两大类，我们常用的 BMP、JPG 等格式都是点阵图，而 Flash 动画制作软件所生成的 SWF 和 Photoshop 绘图软件所生成的 PSD 等格式属于矢量图。

（3）音频：数字化的声音数据就是音频数据。在计算机中，音频数据一般用音频文件来保存。音频文件是指存储声音内容的文件，把音频文件用一定的音频程序播放，就可以还原以前录下的声音。音频文件的格式很多，包括 CD、WAV、MP3、MID、WMA、RM 等。

（4）视频：视频数据是指连续的图像序列。在计算机中，视频数据一般用视频文件来保存。视频文件常见的格式包括 MPEG-4、AVI、DAT、RM、MOV、ASF、WMV、DivX 等。

1.1.3　数据的组织形式

计算机系统中的数据组织形式主要有两种，即文件和数据库。

（1）文件：计算机系统中的很多数据都是以文件形式存在的，如 Word 文件、文本文件、网页文件、图片文件等。一个文件的文件名包含主名和扩展名，扩展名用来表示文件的类型，如文本文档、图片、音频、视频等。在计算机中，文件是由文件系统负责管理的。

（2）数据库：计算机系统中另一种非常重要的数据组织形式就是数据库。今天，数据库已经成为计算机软件开发的基础和核心。数据库在人力资源管理、固定资产管理、制造业管理、电信管理、销售管理、售票管理、银行管理、股市管理、教学管理、图书馆管理、政务管理等领域发挥着至关重要的作用。从 1968 年 IBM 公司推出第一个大型商用数据库管理系统 IMS 开始到现在，人类社会已经经历了层次数据库、网状数据库、关系数据库和 NoSQL 数据库等多个数据库发展阶段。关系数据库仍然是目前的主流数据库，大多数商业应用系统都构建在关系数据库基础之上。但是，随着 Web 2.0 的兴起，非结构化数据迅速增加，目前人类社会产生的数据中有 90%是非结构化数据，因此，能够更好地支持非结构化数据管理的 NoSQL 数据库应运而生。

1.1.4　数据的价值

数据的价值主要在于可以为人们提供答案。数据往往都是为了某个特定的目的而被收集的，数据对于数据收集者而言，价值都是显而易见的。但数据的新价值也在不断被人发现。在过去，数据一旦实现了基本用途，往往就会被删除，这一方面是由于过去的存储技术落后，人们需要删除旧数据来存储新数据，另一方面则是人们没有认识到数据的潜在价值。例如，在淘宝或者京东购买衣服，输入性别、颜色、布料、款式等关键字后，消费者很容易找到自己心仪的产品，购买行为结束后，这些数据就会被消费者删除。但是，购物平台会记录和整理这些数据，用于预测未来即将流行的产品特征。平台会把这些信息卖给各类生产商，帮助这些公司在竞争中脱颖而出，这就是数据价值的再发现。

数据不会因为不断被使用而削减价值，反而会因为不断重组而产生更大的价值。例如，将一个地区的物价和地价走势、高档轿车的销售数量、二手房转手的频率、出租车密度等各种不相关的数据整合到一起，可以更加精准地预测该地区房价走势。这种方式已经被国外很多房地产网站所采用。而这些被整合过的数据，下一次还可以出于别的目的而重新整合。也就是说，数据没有因为被使用一次或两次而造成价值的衰减，反而会在不同的领域产生更多的价值。基于以上数据的价值特性，各类收集来的数据都应当被尽可能长时间地保存下来，同时也应当在一定条件下与全社会分享，并产生价值。当今世界已经逐步产生了一种认识，在大数据时代以前，最有价值的商品是石油，而今天和未来最有价值的商品是数据。目前占有大量数据的谷歌、亚马逊等公司，每个季度的利润总和高达数十亿美元，并在继续快速增加，这都是数据价值的佐证。因此，要实现大数据时代思维方式的转变，就必须正确认识数据的价值。数据已经具备了资本的属性，可以用来创造经济价值。

1.1.5　数据爆炸

人类进入信息社会以后，数据以自然方式增长，其产生不以人的意志为转移。从 1986 年到 2010 年的 20 多年时间里，全球数据的数量增长了 100 倍，今后的数据量增长速度将更快，我们正生活在一个"数据爆炸"的时代。今天，世界上只有 25% 的设备是连网的，连网设备中大约 80% 是计算机和手机，而在不远的将来，随着移动通信 5G 时代的全面开启，将有更多的用户成为网民，汽车、家用电器、生产机器等各种设备也将连入互联网。随着 Web 2.0 和移动互联网的快速发展，人们已经可以随时随地、随心所欲地在博客、微博、微信、抖音等平台发布各种信息。在 1 分钟内，新浪微博可以产生 2 万条微博，推特可以产生 10 万条推文，苹果可以下载 4.7 万次应用，淘宝可以卖出 6 万件商品，百度可以产生 90 万次搜索查询。以后，随着物联网的推广和普及，各种传感器和摄像头将遍布我们工作和生活的各个角落，这些设备每时每刻都自动产生大量数据。综上所述，可以看出，人类社会正经历第二次数据爆炸（如果把印刷在纸上的文字和图形也看作数据，那么人类历史上第一次数据爆炸发生在造纸术和印刷术发明的时期），各种数据产生速度之快、产生数量之大，已经远远超出人类可以控制的范围，"数据爆炸"成为大数据时代的鲜明特征。

在数据爆炸的今天，人类一方面对知识充满渴求，另一方面为数据的复杂特征而困惑。数据爆炸对科学研究提出了更高的要求，人类需要设计出更加灵活高效的数据存储、处理和分析工具，来应对大数据时代的挑战，这必将带来云计算、数据仓库、数据挖掘等技术和应用的提升或者根本性改变。在存储效率（存储技术）领域，需要实现低成本的大规模分布式存储；在网络效率（网络技术）方面，需要实现及时响应的用户体验；在数据中心方面，需要开发更加绿色节能的新一代数据中心，在有效满足大数据处理需求的同时，实现最大化资源利用率、最小化系统能耗的目标。

1.2　数据分析过程

海量的数据只有借助于数据分析才能体现其价值。典型的数据分析过程包括数据采集与预处理、数据存储与管理、数据处理与分析、数据可视化等，如图 1-2 所示。

图 1-2　典型的数据分析过程

（1）数据采集与预处理：采用各种技术手段对外部各种数据源产生的数据实时或非实时地采集、预处理并加以利用。

（2）数据存储与管理：利用计算机硬件和软件技术对数据进行有效的存储和应用，其目的在于充分有效地发挥数据的作用。

（3）数据处理与分析：用适当的分析方法（来自统计学、机器学习和数据挖掘等领域）对收集来的数据进行分析，提取有用信息和形成结论。

（4）数据可视化：将数据以图形图像形式表示，并利用数据分析和开发工具发现其中的未知信息。

从数据分析过程可以看出，数据采集与预处理是数据分析的第一步，也是非常重要的一个环节，它是大数据产业的基石。大数据具有很高的商业价值，但是，如果没有数据，价值就无从谈起，就好比没有石油开采，就不会有汽油。

1.3　数据采集与预处理的任务

数据采集与预处理包含了数据采集和数据预处理两大任务。

数据采集是指从传感器和智能设备、企业在线系统、企业离线系统、社交网络和互联网平台等获取数据。需要采集的数据包括 RFID 数据、传感器数据、用户行为数据、社交网络交互数据及移动互联网数据等各种类型的结构化、半结构化及非结构化的海量数据。数据采集技术是大数据技术的重要组成部分，已经广泛应用于国民经济的各个领域，随着大数据技术的发展和普及，数据采集技术会迎来更加广阔的发展前景。

数据预处理是一个广泛的领域，其总体目标是为后续的数据分析工作提供可靠和高质量的数据，减小数据集规模，提高数据抽象程度和数据分析效率。在实际处理过程中，我们需要根据应用问题的具体情况选择合适的数据预处理方法。数据预处理的主要步骤包括数据清洗、数据集成、数据转换和数据脱敏等，如图 1-3 所示。经过这些步骤，我们可以从大量的数据属性中提取出一部分对目标输出有重要影响的属性，降低源数据的维度，去除噪声，为数据分析算法提供干净、准确且有针对性的数据，减少数据分析算法的数据处理量，改进数据质量，提高分析效率。

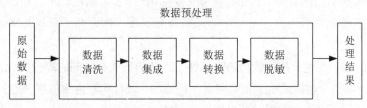

图 1-3　数据预处理的主要步骤

1.4　数据采集

本节介绍数据采集的概念、数据采集的三大要点、数据采集的数据源和数据采集方法。

1.4.1　数据采集的概念

数据采集又称"数据获取"，是数据分析的入口，也是数据分析过程中相当重要的一个环节，即通过各种技术手段对外部各种数据源产生的数据实时或非实时地采集并加以利用。在数据爆炸的互联网时代，被采集的数据也是复杂多样的，包括结构化数据、半结构化数据、非结构化数据。结构化数据最常见，就是保存在关系数据库中的数据。非结构化数据结构不规则或不完整，没有预定义的数据模型，包括所有格式的传感器数据、办公文档、文本、图片、XML 文档、HTML 文档、各类报表、图像和音频/视频信息等。

目前，数据采集可以分为传统的数据采集和大数据采集。大数据采集与传统的数据采集既有联系又有区别。大数据采集是在传统的数据采集基础之上发展起来的，一些经过多年发展的数据采集架构、技术和工具都被继承下来。同时，由于大数据本身具有数据量大、数据类型丰富、处理速度快等特性，因此大数据采集又表现出不同于传统数据采集的一些特点，如表 1-1 所示。

表 1-1　　　　　　　　　传统的数据采集与大数据采集的区别

	传统的数据采集	大数据采集
数据源	来源单一，数据量相对较少	来源广泛，数据量巨大
数据类型	结构单一	数据类型丰富，包括结构化数据、半结构化数据和非结构化数据
数据存储	关系数据库和并行数据仓库	分布式数据库，分布式文件系统

1.4.2　数据采集的三大要点

数据采集的三大要点如下。

（1）全面性。全面性是指数据量足够产生分析价值、数据面足够支撑分析需求。例如，对于"查看商品详情"这一行为，需要采集触发行为时的环境信息、会话以及背后的用户 ID，最后需要统计在某一时段触发这一行为的人数、次数、人均次数、活跃比等。

（2）多维性。数据要能满足分析需求。数据采集必须能够灵活、快速自定义数据的多种属性和不同类型，从而满足不同的分析需求。比如"查看商品详情"这一行为，通过"埋点"，我们才能知道用户查看的商品名称、价格、类型、商品 ID 等多个属性，从而知道用户看过哪些商品、什么类型的商品被查看得多、某一个商品被查看了多少次，而不仅仅是知道用户进入了商品详情页。

（3）高效性。高效性包含技术执行的高效性、团队内部成员协同的高效性以及数据分析目标实现的高效性。也就是说数据采集一定要明确采集目的，带着问题搜集信息，使信息采集更高效、更有针对性。此外，还要考虑数据的及时性。

1.4.3　数据采集的数据源

数据采集的主要数据源包括传感器数据、互联网数据、日志文件、企业业务系统数据等。

1. 传感器数据

传感器是一种检测装置，能"感受"到被测量的信息，并将其按一定规律变换成为电信号或其他所需形式的信息输出，以满足信息的传输、处理、存储、显示、记录和控制等要求。在工作现场，我们会安装各种类型的传感器，如压力传感器、温度传感器、流量传感器、声音传感器、电参数传感器等。传感器对环境的适应能力很强，可以应对各种恶劣的工作环境。在日常生活中，温度计、话筒、摄像头等都属于传感器，支持图片、音频、视频等文件或附件的采集。

2. 互联网数据

互联网数据的采集通常是借助于网络爬虫来完成的。所谓"网络爬虫"，就是一个在网上到处或定向抓取网页数据的程序。抓取网页的一般方法是，定义一个入口页面，该页面通常会包含指向其他页面的统一资源定位符（Uniform Resource Locator，URL），于是这些网址加入爬虫的抓取队列，进入新页面后再递归地进行上述操作。网络爬虫可以将非结构化数据从网页中抽取出来，将其存储为统一的本地数据文件，并以结构化的方式存储。它支持图片、音频、视频等文件或附件的采集，附件与正文可以自动关联。

3. 日志文件

许多公司的业务平台每天都会产生大量的日志文件。日志文件一般由数据源系统产生，用于记录针对数据源执行的各种操作，如网络监控的流量管理、金融应用的股票记账和 Web 服务器记录用户访问行为。利用这些日志文件，我们可以得到很多有价值的数据。通过对这些日志信息进行采集，然后进行数据分析，人们可以挖掘到具有潜在价值的信息，为公司决策和公司后台服务器平台性能评估提供可靠的数据保证。日志采集系统做的事情就是收集日志数据，供离线和在线实时分析使用。

4. 企业业务系统数据

一些企业会使用传统的关系数据库 MySQL 和 Oracle 等来存储业务系统数据，除此之外，Redis 和 MongoDB 这样的 NoSQL 数据库也常用于数据的存储。企业每时每刻产生的业务数据，以一行记录的形式被直接写入数据库。企业可以借助于 ETL（Extract-Transform-Load，抽取-转换-加载）

工具，把分散在企业不同位置的业务系统的数据抽取、转换、加载到企业数据仓库中，以供后续的商务智能分析使用。通过采集不同业务系统的数据并将其统一保存到一个数据仓库中，就可以为分散在企业不同地方的商务数据提供一个统一的视图，满足企业的各种商务决策分析需求。

在采集企业业务系统数据时，由于采集的数据种类复杂，因此，在进行数据分析之前，必须通过数据抽取技术从数据原始格式中抽取出需要的数据，丢弃一些不重要的字段。由于数据采集可能存在不准确的情况，所以，数据抽取后还必须进行数据清洗，对那些不正确的数据进行过滤、剔除。不同的应用场景对数据进行分析的工具或者系统不同，所以我们还需要进行数据转换操作，将数据转换成不同的数据格式，最终按照预先定义好的数据仓库模型，将数据加载到数据仓库中去。

1.4.4　数据采集方法

数据采集是数据系统必不可少的关键部分，也是数据平台的根基。根据不同的应用环境及采集对象，有多种不同的数据采集方法，包括系统日志采集、分布式消息订阅分发、ETL、网络数据采集等。

1. 系统日志采集

系统日志采集可以分为以下三大类。

（1）用户行为日志采集：采集系统用户使用系统过程中的一系列操作信息。

（2）业务变更日志采集：根据特定业务场景需要，采集某用户在某时使用某功能、对某业务（对象、数据）进行某操作的相关信息。

（3）系统运行日志采集：定时采集系统运行中服务器资源、网络及基础中间件的情况。

很多互联网企业都有自己的海量数据采集工具，多用于系统日志采集，如 Hadoop 的 Chukwa、Cloudera 的 Flume、Facebook 的 Scribe 等。这些工具均采用分布式架构，能满足每秒数百 MB 的日志数据采集和传输要求。

2. 分布式消息订阅分发

分布式消息订阅分发也是一种常见的数据采集方法，其中，Kafka 就是一种具有代表性的产品。Kafka 是由 LinkedIn 公司开发的一种高吞吐量的分布式消息订阅分发系统，用户通过 Kafka 可以发布大量的消息，同时也能实时订阅和消费消息。Kafka 设计的初衷是构建一个可以处理海量日志、用户行为和网站运营统计等的数据处理框架。为了满足上述应用需求，就需要同时实现实时在线处理的低延迟和批量离线处理的高吞吐量。现有的一些消息队列框架通常设计了完备的机制来保证消息传输的可靠性，但是这会带来较大的系统负担，导致系统在批量处理海量数据时无法满足高吞吐量的要求。另外一些消息队列框架则被设计成实时消息处理系统，虽然可以带来很高的实时处理性能，但是在批量离线场合中却无法提供足够的持久性，即可能发生消息丢失。同时，在大数据时代涌现的新的日志收集处理系统（Flume、Scribe 等）往往更擅长批量离线处理，而不能较好地支持实时在线处理。相对而言，Kafka 可以同时满足在线实时处理和批量离线处理需求。

3. ETL

ETL 常用于数据仓库中的数据采集和预处理环节。它从原系统中抽取数据，并根据实际商务需求对数据进行转换，再把转换结果加载到目标数据存储结构中。可以看出，ETL 既包含了数据采集环节，也包含了数据预处理环节。ETL 的源和目标通常都是数据库和文件，但也可以是其他类型的数据存储结构，如消息队列。目前，市场上主流的 ETL 工具包括 DataPipeline、Kettle、Talend、Informatica、DataX、Oracle GoldenGate 等。其中，Kettle 是一款国外开源的 ETL 工具，使用 Java 语言编写，可以在 Windows、Linux、UNIX 上运行，数据抽取高效、稳定。Kettle 包含 Spoon、Pan、Chef、Encr 和 Kitchen 等组件。

4. 网络数据采集

网络数据采集是指通过网络爬虫或网站公开应用程序编程接口等从网站获取数据信息。该方法可以将非结构化数据从网页中抽取出来，将其存储为统一的本地数据文件，并以结构化的方式存储。它支持图片、音频、视频等文件的采集，文件与正文可以自动关联。网络数据采集的应用领域十分广泛，包括搜索引擎与垂直搜索平台搭建与运营，综合门户与行业门户、地方门户、专业门户网站数据支撑与流量运营，电子政务与电子商务平台的运营，知识管理与知识共享，企业竞争情报系统的运营，商业智能系统，信息咨询与信息增值，信息安全和信息监控，等等。

1.5 数据清洗

对于获得高质量分析结果而言，数据清洗的重要性是不言而喻的。正所谓"垃圾数据进，垃圾数据出"，没有高质量的数据输入，输出的分析结果的价值也会大打折扣，甚至没有任何价值。数据清洗是指将大量原始数据中的"脏"数据"洗掉"，它是发现并纠正数据文件中可识别的错误的最后一道程序，包括检查数据一致性、处理无效值和缺失值等。例如，在构建数据仓库时，数据仓库中的数据是面向某一主题的数据的集合，这些数据从多个业务系统中抽取而来，而且包含历史数据，这样就避免不了有的数据是错误数据、有的数据互有冲突。这些错误的或有冲突的数据显然是我们不想要的，它们称为"脏数据"。我们要按照一定的规则把"脏数据"给"洗掉"，这就是"数据清洗"。

1.5.1 数据清洗的应用领域

数据清洗的主要应用领域包括数据仓库与数据挖掘、数据质量管理。

（1）数据仓库与数据挖掘。对于数据仓库与数据挖掘应用来说，数据清洗是核心和基础，它是获取可靠、有效数据的一个基本步骤。数据仓库是支持决策分析的数据集，在数据仓库领域，数据清洗一般用在几个数据库合并时或者多个数据源进行集成时。例如，指代同一个实体的记录，在合并后的数据库中会重复出现，数据清洗要把重复的记录识别出来并消除它们。数据挖掘是建立在数据仓库基础上的增值技术，在数据挖掘领域，挖掘出来的特征数据经常存在各种异常，如数据缺失、数据值异常等。这些情况如果不加以处理，就会直接影响最终挖掘模型的使用效果，甚至会使创建模型任务失败。因此，在数据挖掘过程中，数据清洗是第一步。

（2）数据质量管理。数据质量管理贯穿数据生命周期。我们可以通过数据质量管理的方法和手段，在数据生成、使用、消亡的过程中，及时发现有缺陷的数据，再及时将数据正确化和规范化，使其达到数据质量标准。总体而言，数据质量管理覆盖质量评估、数据去噪、数据监控、数据探查、数据清洗、数据诊断等方面，而在这个过程中，数据清洗是决定数据质量好坏的重要因素。

1.5.2 数据清洗的实现方式

数据清洗按照实现方式可以分为手工清洗和自动清洗。

（1）手工清洗。手工清洗是通过人工方式对数据进行检查，发现数据中的错误。这种方式比较简单，只要投入足够的人力、物力、财力，也能发现所有错误，但效率低下。在大数据量的情况下，手工清洗几乎是不可能的。

（2）自动清洗。自动清洗是通过专门编写的计算机应用程序来进行数据清洗。这种方法能解决某个特定的问题，但不够灵活，特别是在清洗过程需要反复进行时（一般来说，数据清洗一遍就达到要求的很少），程序复杂，清洗过程变化时工作量大。而且，这种方法也没有充分利用目前数据库提供的强大的数据处理能力。

1.5.3 数据清洗的内容

数据清洗主要是对缺失值、重复值、异常值和数据类型有误的数据进行处理，数据清洗的内容主要包括以下几个方面。

（1）缺失值处理。由于调查、编码和录入误差，数据中可能存在一些缺失值，需要给予适当的处理。常用的处理方法有估算、整例删除、变量删除和成对删除。

① 估算：最简单的办法就是用某个变量的样本均值、中位数或众数代替缺失值。这种办法简单，但没有充分考虑数据中已有的信息，误差可能较大。另一种办法是根据调查对象对其他问题的答案，通过变量之间的相关分析或逻辑推论进行估计。例如，某一产品的拥有情况可能与家庭收入有关，可以根据调查对象的家庭收入推算拥有这一产品的可能性。

② 整例删除：剔除含有缺失值的样本。由于很多问卷都可能存在缺失值，这种做法可能导致有效样本量大大减少，无法充分利用已经收集到的数据。因此，整例删除只适合关键变量缺失，或者含有异常值或缺失值的样本比重很小的情况。

③ 变量删除：如果某一变量的缺失值很多，而且该变量对于所研究的问题不是特别重要，则可以考虑将该变量删除。这种做法减少了供分析用的变量，但没有改变样本量。

④ 成对删除：用一个特殊码（通常是 9、99、999 等）代表缺失值，同时保留数据集中的全部变量和样本，但在具体计算时只采用有完整答案的样本。不同的分析因涉及的变量不同，其有效样本量也会不同。这是一种保守的处理方法，最大限度地保留了数据集中的可用信息。

（2）异常值处理。根据每个变量的合理取值范围和相互关系，检查数据是否合乎要求，发现超出正常范围、逻辑上不合理或者相互矛盾的数据。例如，用 1～7 级量表测量的变量出现了 0 值，体重出现了负数，都应视为超出正常范围。SPSS、SAS、Excel 等计算机软件都能够根据定义的取值范围，自动识别每个超出范围的变量值。逻辑上不一致的答案可能以多种形式出现。例如，调查对象说自己开车上班，又报告没有汽车；或者调查对象报告自己是某品牌的重度购买者和使用者，但同时又在熟悉程度量表上给了很低的分值。发现不一致时，要列出问卷序号、记录序号、变量名称、错误类别等，便于进一步核对和纠正。

（3）数据类型转换。数据类型往往会影响后续的数据分析环节，因此，需要明确每个字段的数据类型。例如，来自 A 表的"学号"是字符型，而来自 B 表的该字段是日期型，在数据清洗的时候就需要对二者的数据类型进行统一处理。

（4）重复值处理。重复值的存在会影响数据分析和挖掘结果的准确性，所以，在数据分析和建模之前需要进行数据重复性检验，如果存在重复值，还需要进行重复值的删除。

1.5.4　数据清洗的注意事项

在进行数据清洗时，需要注意如下事项。

（1）数据清洗时优先进行缺失值、异常值和数据类型转换的操作，最后进行重复值处理。

（2）在对缺失值、异常值进行处理时，根据业务的需求，处理方法并不是一成不变的，常见的操作包括统计值填充（常用的统计值有均值、中位数、众数）、前/后值填充（一般使用在前后数据相互关联的情况下，比如数据是按照时间进行记录的）、零值填充。

（3）在数据清洗之前，最为重要的是对数据表的查看，要了解表的结构和发现需要处理的值，这样才能将数据清洗彻底。

（4）数据量的大小也关系着数据的处理方式。如果总数据量较大，而异常的数据（包括缺失值和异常值）的量较小，则可以选择直接删除，因为这并不会显著影响最终的分析结果；但是，如果总数据量较小，则每个数据都可能影响分析的结果，这个时候可能需要通过其他的关联表找到相关数据进行填充。

（5）在导入数据表后，一般需要将所有列一个一个地进行清洗，来保证数据处理的彻底性。有些数据可能看起来是可以正常使用的，实际上在处理时可能会出现问题，例如，某列数据看起来是数值，其实却是字符串，这就会导致在进行数值操作时无法使用这列数据。

1.5.5　数据清洗的基本流程

数据清洗的基本流程一共分为 5 个步骤，分别是数据分析、定义数据清洗的策略和规则、搜寻并确定错误实例、纠正发现的错误以及干净数据回流。具体介绍如下。

（1）数据分析。原始数据源中存在数据质量问题，需要通过人工检测或计算机分析程序对原始数据源的数据进行检测分析。可以说，数据分析是数据清洗的前提和基础。

（2）定义数据清洗的策略和规则。根据数据分析步骤得到的数据源中的"脏数据"的具体情况，制定相应的数据清洗策略和规则，并选择合适的数据清洗算法。

（3）搜寻并确定错误实例。搜寻并确定错误实例步骤包括自动检测属性错误和用算法检测重复记录。手工检测数据集中的属性错误要花费大量的时间和精力，而且容易出错，所以需要使用高效的方法自动检测数据集中的属性错误，主要检测方法有基于统计的方法、聚类方法和关联规则方法等。检测重复记录的算法可以对两个数据集或一个合并后的数据集进行检测，从而确定同一个实体的重复记录。检测重复记录的算法有基本的字段匹配算法、递归字段匹配算法等。

（4）纠正发现的错误。根据不同的"脏数据"存在形式，执行相应的数据清洗和转换，解决原始数据源中存在的质量问题。在某些特定领域，我们能够根据发现的错误模式，编制程序或借助于外部标准数据源文件、数据字典等，在一定程度上修正错误。有时候也可以根据数理统计知识进行自动修正，但是很多情况下都需要编制复杂的程序或借助于人工干预来完成修正。需要注意的是，对原始数据源进行数据清洗时，应该将原始数据源备份，以防需要撤销清洗操作。

（5）干净数据回流。在数据被清洗后，干净的数据替代原始数据源中的"脏数据"，这样可以提高信息系统的数据质量，还可以避免将来再次抽取数据后进行重复的清洗工作。

1.5.6　数据清洗的评价标准

数据清洗的评价标准包括以下几个方面。

（1）数据的可信性。可信性包括精确性、完整性、一致性、有效性、唯一性等指标。精确性是指数据是否与其对应的客观实体的特征一致。完整性是指数据中是否存在缺失记录或缺失字段。一致性是指同一实体的同一属性的值在不同的系统中是否一致。有效性是指数据是否满足用户定义的条件或在一定的域值范围内。唯一性是指数据中是否存在重复记录。

（2）数据的可用性。数据的可用性指标主要包括时间性和稳定性。时间性是指数据是当前数据还是历史数据。稳定性是指数据是否是稳定的，是否在其有效期内。

（3）数据清洗的代价。数据清洗的代价即成本效益，在进行数据清洗之前考虑成本效益这个因素是很有必要的。因为数据清洗是一项十分繁重的工作，需要投入大量的时间、人力和物力，一般而言，在大数据项目的实际开发工作中，数据清洗通常占开发过程总时间的 50%～70%。在进行数据清洗之前，要考虑其物质和时间开销是否会超过组织的承受能力。通常情况下，大数据集的数据清洗是一个系统性的工作，需要多方配合以及大量人员的参与，需要多种资源的支持。企业所做出的每项决定都是为了给公司带来更大的经济效益，如果花费大量金钱、时间、人力和物力进行大规模的数据清洗带来的效益远远低于投入，那么这会被认定为一次失败的数据清洗。因此，在进行数据清洗之前进行成本效益的估算是非常重要的。

1.6　数据集成

数据处理常常涉及数据集成操作，即将来自多个数据源的数据结合在一起，形成一个统一的数据集，为数据处理工作的顺利完成提供完整的数据基础。

在数据集成过程中，需要考虑解决以下几个问题。

（1）模式集成问题。这个问题简而言之就是如何使来自多个数据源的现实世界的实体相互匹配，其中包含实体识别问题。例如，如何确定一个数据库中的"user_id"与另一个数据库中的"user_number"是否表示同一实体。

（2）冗余问题。这是数据集成中经常出现的另一个问题。若一个属性可以从其他属性中推演出来，那么这个属性就是冗余属性。例如，一个学生数据表中的平均成绩属性就是冗余属性，因为它可以根据成绩属性计算出来。此外，属性命名的不一致也会导致集成后的数据集出现数据冗余问题。

（3）数据值冲突检测与消除问题。在现实世界中，来自不同数据源的同一属性的值或许不同。产生这种问题的原因可能是比例尺度或编码的差异等。例如，重量属性在一个系统中采用公制，而在另一个系统中却采用英制；价格属性在不同地点采用不同的货币单位。这些语义差异为数据集成带来许多问题。

1.7 数据转换

数据转换就是将数据进行转换或归并，从而构成适合数据处理的描述形式。本节首先介绍常见的数据转换策略，然后重点介绍数据转换策略中的平滑处理和规范化处理。

1.7.1 数据转换策略

常见的数据转换策略如下。

（1）平滑处理。帮助除去数据中的噪声，常用的方法包括分箱、回归和聚类等。

（2）聚集处理。对数据进行汇总操作。例如，对每天的数据进行汇总操作可以获得每月或每年的总额。聚集处理常用于构造数据立方体或对数据进行多粒度的分析。

（3）数据泛化处理。用更抽象（更高层次）的概念来取代低层次的数据对象。例如，街道属性可以泛化到更高层次的概念，如城市、国家；再如，年龄属性可以映射到更高层次的概念，如青年、中年和老年。

（4）规范化处理。将属性值按比例缩放，使之落入一个特定的区间，如 0.0～1.0。常用的规范化处理方法包括 Min-Max 规范化、Z-Score 规范化和小数定标规范化等。

（5）属性构造处理。根据已有属性集构造新的属性，后续数据处理直接使用新增的属性。例如，根据已知的质量和体积属性，计算出新的属性——密度。

1.7.2 平滑处理

噪声是指被测变量的随机错误和变化。平滑处理旨在去掉数据中的噪声，常用的方法包括分箱、回归和聚类等。

1. 分箱

分箱方法通过利用被平滑数据点的周围点（近邻），对一组排序数据进行平滑处理，排序后的数据被分配到若干箱子（称为 Bin）中。

如图 1-4 所示，对箱子的划分方法一般有两种：一种是等高方法，即每个箱子中元素的个数相等；另一种是等宽方法，即每个箱子的取值间距（左右边界之差）相同。

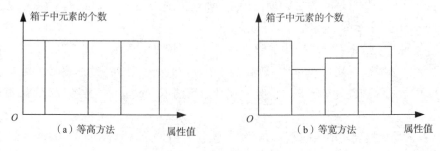

图 1-4 两种典型分箱方法

这里通过一个实例来介绍分箱方法。假设有一个数据集 $X=\{4,8,15,21,21,24,25,28,34\}$，采用基于平均值的等高方法对其进行平滑处理，则分箱的步骤如下。

（1）把原始数据集 X 放入以下 3 个箱子。

箱子 1：4,8,15。

箱子 2：21,21,24。

箱子 3：25,28,34。

（2）分别计算得到每个箱子的平均值。

箱子 1 的平均值：9。

箱子 2 的平均值：22。

箱子 3 的平均值：29。

（3）用每个箱子的平均值替换该箱子内的所有元素。

箱子 1：9,9,9。

箱子 2：22,22,22。

箱子 3：29,29,29。

（4）合并各个箱子中的元素，得到新的数据集{9,9,9,22,22,22,29,29,29}。

此外，还可以采用基于箱子边界的等高方法对数据进行平滑处理。利用边界进行平滑处理时，对于给定的箱子，其最大值与最小值就构成了边界。用每个箱子的边界（最大值或最小值）替换该箱子中除边界外的所有值。这时的分箱结果如下。

箱子 1：4,4,15。

箱子 2：21,21,24。

箱子 3：25,25,34。

合并各个箱子中的元素，得到新的数据集{4,4,15,21,21,24,25,25,34}。

2. 回归

可以利用拟合函数对数据进行平滑处理。例如，借助线性回归方法（包括多变量回归方法），就可以获得多个变量之间的拟合关系，从而达到利用一个（或一组）变量值来预测另一个变量值的目的。如图 1-5 所示，对数据进行线性回归拟合，能够使数据平滑，除去其中的噪声。

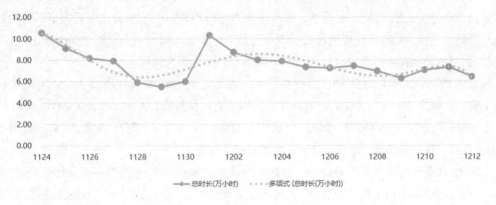

图 1-5　对数据进行线性回归拟合

3. 聚类

通过聚类方法可发现异常数据。如图 1-6 所示，相似或相邻的数据聚合在一起形成了各个聚类集合，而那些位于这些聚类集合之外的数据对象，则被认为是异常数据。

1.7.3　规范化处理

规范化处理是一种重要的数据转换策略，它是将一个属性的取值投射到特定范围之内，以消除数值型属性大小不一造成的挖掘结果偏差，常常用于神经网络、基于距离计算的最近邻分类和聚类挖掘的数据预处理。对于神经网络，采用规范化处理后的数据，不仅有助于确保学习结果的正确性，而且有助于提高学习的效率。对于基于距离计

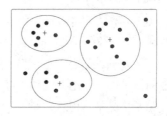

图 1-6　基于聚类方法的异常数据监测

算的聚类挖掘，规范化处理可以帮助消除属性取值范围不同给挖掘结果的公正性带来的影响。

常用的规范化处理方法包括 Min-Max 规范化、Z-Score 规范化和小数定标规范化等。

1. Min–Max 规范化

Min-Max 规范化是对被转换数据进行一种线性转换，其转换公式如下：

$$x = （待转换属性值-属性最小值）/（属性最大值-属性最小值）$$

例如，假设属性的最大值和最小值分别是 87000 和 11000（单位：元），现在需要利用 Min-Max 规范化方法，将"顾客收入"属性的值映射到 0～1 范围内，则"顾客收入"属性的值为 72400 元时，对应的转换结果如下：

$$(72400-11000)/(87000-11000) = 0.808$$

Min-Max 规范化的优点是可灵活指定规范化后的取值区间，以消除不同属性之间的权重差异。但是该方法也有一些缺陷：首先，需要预先知道属性的最大值与最小值；其次，当有新的数据加入时，需要重新定义属性的最大值和最小值。

2. Z–Score 规范化

Z-Score 规范化的主要目的就是将不同量级的数据转化为同一个量级，统一用计算出的 Z-Score 值衡量，以保证数据之间的可比性。其转换公式如下：

$$z = （待转换属性值-属性平均值）/属性标准差$$

假设我们要比较学生 A 与学生 B 的考试成绩，A 的考卷满分是 100 分（及格 60 分），B 的考卷满分是 700 分（及格 420 分）。显然，A 考出的 70 分与 B 考出的 70 分代表着完全不同的意义。但是从数值上来讲，A 与 B 的成绩在数据表中都是 70。那么如何用一个同等的标准来比较 A 与 B 的成绩呢？Z-Score 就可以解决这一问题。下面用另一个例子来说明。

假设 A 所在班的平均分是 80，标准差是 10，A 考了 90 分；B 所在班的平均分是 400，标准差是 100，B 考了 600 分。通过上面的公式，我们可以计算得出，A 的 Z-Score 是(90-80)/10=1，B 的 Z-Score 是(600-400)/100=2，因此，B 的成绩更优。若 A 考了 60 分，B 考了 300 分，则 A 的 Z-Score 是-2，B 的 Z-Score 是-1，这时，A 的成绩比较差。

Z-Score 规范化的优点是不需要知道数据集的最大值和最小值，对离群点规范化效果好。此外，Z-Score 规范化能够应用于数值型数据，并且不受数据量级的影响，因为它本身的作用就是消除量级给分析带来的不便。

但是 Z-Score 规范化也有一些缺陷。首先，Z-Score 规范化对于数据的分布有一定的要求，正态分布是最有利于 Z-Score 计算的。其次，Z-Score 规范化消除了数据具有的实际意义，A 的 Z-Score

与 B 的 Z-Score 不能体现他们各自的分数，因此，Z-Score 规范化的结果只能用于比较数据，要了解数据的真实意义还需要还原原值。

3. 小数定标规范化

小数定标规范化方法通过移动属性值的小数点位置来达到规范化的目的。所移动的位数取决于属性绝对值的最大值。其转换公式为：

$$x = 待转换属性值 / （10 的 k 次方）$$

其中，k 为能够使该属性绝对值的最大值的转换结果小于 1 的最小值。

例如，假设属性的取值范围是-957~924，则该属性绝对值的最大值为 957，显然，这时 $k=3$。当属性值为 426 时，对应的转换结果如下：

$$426/10 的 3 次方 = 0.426$$

小数定标规范化法的优点是直观、简单，缺点是并没有消除属性间的权重差异。

1.8 数据脱敏

数据脱敏是在给定的规则、策略下对敏感数据进行变换、修改的技术，能够在很大程度上解决敏感数据在非可信环境中使用的问题。它会根据数据保护规范和脱敏策略，对业务数据中的敏感信息实施自动变形，实现对敏感信息的隐藏和保护。一旦涉及客户安全数据或商业性敏感数据，在不违反系统规则的条件下，对身份证号、手机号、卡号、客户号等个人信息都要进行数据脱敏。数据脱敏不是必需的数据预处理环节，根据业务需求，对数据可以进行脱敏处理，也可以不进行脱敏处理。

1.8.1 数据脱敏原则

数据脱敏不仅要执行"数据漂白"，抹去数据中的敏感内容，还需要保持原有的数据特征、业务规则和数据关联性，保证开发、测试以及大数类业务不受脱敏影响，确保脱敏前后的数据一致性和有效性。具体原则如下。

（1）保持原有数据特征。数据脱敏前后数据特征应保持不变，例如，身份证号码由十七位数字本体码和一位校验码组成，分别为区域地址码（6 位）、出生日期（8 位）、顺序码（3 位）和校验码（1 位），那么身份证号码的脱敏规则需要保证脱敏后这些特征信息不变。

（2）保持数据的一致性。在不同业务中，数据之间有一定的关联。例如，出生年月或年龄和出生日期有关联。身份证信息脱敏后需要保证出生年月字段和身份证号码中包含的出生日期的一致性。

（3）保持业务规则的关联性。保持数据业务规则的关联性是指数据脱敏时数据关联性及业务语义等保持不变，其中数据关联性包括主外键关联性、关联字段的业务语义关联性等。特别是高度敏感的账户类主体数据，往往会贯穿主体的所有关系和行为信息，因此需要特别注意保证所有相关主体数据的关联性。

（4）多次脱敏的数据一致性。相同的数据进行多次脱敏，或者在不同的测试系统中进行脱敏，需要确保每次脱敏后的数据一致。只有这样才能保障业务系统数据变更的持续一致性以及广义业务的持续一致性。

1.8.2　数据脱敏方法

数据脱敏的主要方法如下。

（1）数据替换：用设置的固定虚构值替换真值。例如，将手机号码统一替换为 13900010002。

（2）无效化：通过对数据值的截断、加密、隐藏等使敏感数据脱敏，使其不再具有利用价值。例如，将地址的值替换为"******"。无效化与数据替换所达成的效果类似。

（3）随机化：采用随机数据代替真值，保持替换值的随机性以模拟样本的真实性。例如，用随机生成的姓和名代替真值。

（4）偏移和取整：通过随机移位改变数值型数据。例如，把日期"2018-01-02 8:12:25"变为"2018-01-02 8:00:00"。偏移和取整在保持数据的安全性的同时，保证了范围的大致真实，这在大数据环境中具有重大价值。

（5）掩码屏蔽：针对账户类数据的部分信息进行脱敏的有力工具。例如，把身份证号码"220524199209010254"替换为"220524********0254"。

（6）灵活编码：在需要特殊脱敏规则时，可执行灵活编码以满足各种脱敏规则。例如，用固定字母和固定位数的数字替代合同编号真值。

1.9　本章小结

数据采集与预处理是大数据分析全流程的关键一环，直接决定后续环节分析结果的质量高低。近年来，以大数据、物联网、人工智能、5G 为核心的数字化浪潮席卷全球。随着网络和信息技术的不断普及，人类产生的数据量正在呈指数级增长，大约每两年翻一番，这意味着人类在最近两年产生的数据量相当于之前产生的全部数据量。世界上每时每刻都在产生大量的数据，包括物联网传感器数据、社交网络数据、企业业务系统数据等。面对如此海量的数据，有效收集并进行清洗、转换已经成为巨大的挑战。因此，我们需要运用相关的技术来收集数据，并对数据进清洗、转换和脱敏。

本章介绍了数据采集方法和数据清洗、数据集成、数据转换、数据脱敏的方法。

1.10　习题

1. 常见的数据类型有哪些？
2. 计算机系统中的数据组织形式主要有哪两种？
3. 典型的数据分析过程包括哪些环节？
4. 数据采集与预处理包含哪两大任务？
5. 请阐述传统的数据采集与大数据采集的区别。
6. 请阐述数据采集的三大要点。

7. 数据采集的数据源有哪些?

8. 典型的数据采集方法有哪些?

9. 请阐述数据清洗的主要内容。

10. 请阐述数据清洗的主要应用领域。

11. 请阐述数据清洗的注意事项。

12. 请阐述数据清洗的基本流程。

13. 数据转换包括哪些策略?

14. 数据规范化包含哪些方法?

15. 请阐述数据脱敏的原则。

16. 请阐述数据脱敏的方法。

第**2**章
大数据实验环境搭建

大数据实验环境的搭建，是顺利完成本书中各个实验的基础。本书后续章节会使用 Python、JDK、MySQL、Hadoop 等，为了避免重复介绍，本章对它们的安装和基本使用方法进行统一介绍。需要说明的是，本书的所有实验都在 Windows 操作系统（Windows 7 或以上版本）下完成，并且采用 Python 作为编程语言。

本章首先介绍 Python 的安装和使用方法，然后介绍 JDK 的安装以及 MySQL 数据库的安装和使用方法，最后介绍 Hadoop 的安装和使用方法。

2.1 Python 的安装和使用

本节首先给出 Python 简介，然后介绍 Python 的安装和基本使用方法，接下来介绍 Python 的基础语法知识，最后介绍 Python 第三方模块的安装方法。

2.1.1 Python 简介

Python（发音['paɪθən]）是 1989 年由荷兰人吉多·范罗苏姆（Guido van Rossum）发明的一种面向对象的解释型高级编程语言。Python 的第一个公开发行版发行于 1991 年。2004 年以后，Python 的使用率呈线性增长。TIOBE 在 2019 年 1 月发布的排行榜显示，Python 获得 "TIOBE 最佳年度语言" 称号，这是 Python 第 3 次获得此称号，它也是获奖次数最多的编程语言。发展到今天，Python 已经成为最受欢迎的程序设计语言之一。

Python 常被称为 "胶水语言"，因为它能够把用其他语言编写的各种模块（尤其是 C/C++）很轻松地连接在一起。常见的一种应用情形是，使用 Python 快速生成程序的原型（有时甚至是程序的最终界面），然后将其中有特别要求的部分用更合适的语言改写。例如，3D 游戏中的图形渲染模块性能要求特别高，可以用 C/C++ 重写，而后封装为 Python 可以调用的扩展类库。

Python 的设计哲学是 "优雅" "明确" "简单"。在设计 Python 语言时，如果面临多种选择，Python 开发者一般会拒绝花哨的语法，而选择没有或者很少有歧义的语法。总体来说，用 Python 开发程序具有简单、开发速度快、节省时间和精力等特点，因此，在 Python 开发领域流传着这样一句话："人生苦短，我用 Python。"

Python 作为一门高级编程语言，虽然诞生的时间并不长，但是其发展速度很快，已经成为很多编程爱好者开展入门学习的第一门编程语言。总体而言，Python 语言具有以下优点。

1. 语言简单

Python 是一门语法简单且风格简约的语言。它注重的是如何解决问题，而不是编程语言本身的语法和结构。Python 丢掉了分号和花括号这些仪式化的东西，代码的可读性显著提高。

相较于 C、C++、Java 等编程语言，Python 提高了开发者的开发效率，削减了原来 C、C++ 及 Java 中一些较为复杂的语法，降低了编程工作的复杂程度。实现同样的功能时，Python 的代码量是最少的，代码行数是其他语言的 1/5 到 1/3。

此外，在代码执行方面，Python 省去了编译和链接等中间过程，直接将源代码转换为字节码。用户不用去关心编译中的各种问题，这也大大降低了使用门槛。

2. 开源、免费

开源，即开放源代码，也就是所有用户都可以看到源代码。Python 的开源体现在两方面：首先，程序员使用 Python 编写的代码是开源的；其次，Python 解释器和模块是开源的。

开源并不等于免费，开源软件和免费软件是两个概念，只不过大多数开源软件也是免费软件。Python 就是这样一种语言，它既开源又免费。用户使用 Python 进行开发或者发布自己的程序，不需要支付任何费用，也不用担心版权问题，即使用于商业用途，Python 也是免费的。

3. 面向对象

面向对象的程序设计更加接近人类的思维方式，是对现实世界中客观实体进行的结构和行为模拟。Python 完全支持面向对象编程，如支持继承、重载运算符、派生及多继承等。与 C++ 和 Java 相比，Python 以一种更强大而简单的方式实现面向对象编程。

需要说明的是，Python 在支持面向对象编程的同时，也支持面向过程编程，也就是说，它不强制使用面向对象编程，这使其编程更加灵活。在面向过程编程中，程序是由过程或仅仅是可重用代码的函数构建起来的。在面向对象编程中，程序是由数据和功能组合而成的对象构建起来的。

4. 跨平台

由于 Python 是开源的，因此它已经被移植到许多平台上。只要避免使用那些依赖于系统的特性，Python 程序就可以不加修改地在很多平台上运行，包括 Linux、Windows、FreeBSD、Solaris 等，甚至还有 Pocket PC、Symbian，以及 Google 基于 Linux 开发的 Android 平台。

Python 作为一门解释型语言，天生具有跨平台的特征。只要为平台提供相应的 Python 解释器，Python 就可以在该平台上运行。

5. 强大的生态系统

在实际应用中，Python 的用户绝大多数并非专业的开发者，而是来自其他领域的爱好者。这一部分用户学习 Python 的目的不是去做专业的程序开发，而是使用现成的类库去解决实际工作中的问题。Python 极其庞大的生态系统刚好能够满足这些用户的需求。这在整个计算机语言发展史上都是开天辟地的，也是 Python 在各个领域受欢迎的原因。

丰富的生态系统也给专业开发者带来了极大的便利。大量成熟的第三方库可以直接使用，专业开发者用很少的语法结构就可以编写出功能强大的代码，缩短了开发周期，提高了开发效率。常用的 Python 第三方库包括 Matplotlib（数据可视化库）、NumPy（数值计算功能库）、SciPy（数学、科学、工程计算功能库）、pandas（数据分析高层次应用库）、Scrapy（网络爬虫功能库）、BeautifulSoup（HTML 和 XML 的解析库）、Django（Web 应用框架）、Flask（Web 应用微框架）等。

2.1.2 Python 的安装

Python 自发布以来主要经历了 3 个版本，分别是 1994 年发布的 1.0 版本、2000 年发布的 2.0 版本和 2008 年发布的 3.0 版本。其中，1.0 版本已经过时，2.0 版本和 3.0 版本都在持续更新。Python 官网目前同时发行 Python 2.x 和 Python 3.x 两个系列，它们彼此不兼容，除了输入/输出方式有所不同，很多内置函数的实现和使用方式也有较大差别。本书使用 Python 3.8.7，理由如下。

（1）Python 2.x 和 Python 3.x 的思想是共通的。实际上，编程重在对编程思想的理解和经验的积累。即便是不同的编程语言，它们的很多思想都是共通的。而 Python 2.x 和 Python 3.x 属于同一种编程语言，在编程思想上基本是共通的。Python 2.x 和 Python3.x 的语法虽然存在不兼容的情况，但也只是一小部分语法不兼容。

（2）使用 Python 3.x 是大势所趋。尽管目前 Python 2.x 的开发者在数量上要明显多于 Python 3.x，但是，Python 的作者曾宣布 Python 2.x 只维护到 2020 年，因此，会有越来越多的开发者选择 Python 3.x，放弃 Python 2.x。此外，围绕 Python 3.x 的第三方库会逐渐丰富起来，这也会让更多开发者投入 Python 3.x 的怀抱。

Python 可以用于多种平台，包括 Windows、Linux 和 macOS 等。本书采用的操作系统是 Windows 7 或以上版本，使用的 Python 版本是 Python 3.8.7。请读者到 Python 官网下载与自己计算机操作系统匹配的安装包，例如，64 位 Windows 操作系统可以下载 python-3.8.7-amd64.exe。在安装过程中，要注意选中"Add python 3.8 to PATH"，这样可以在安装过程中自动配置环境变量 Path，避免手动配置的烦琐过程。

安装成功以后，需要检测是否安装成功。可以打开 Windows 操作系统的 cmd 命令行窗口，并在命令提示符后面输入"python"后按"Enter"键。如果出现图 2-1 所示信息，则说明 Python 已经安装成功。

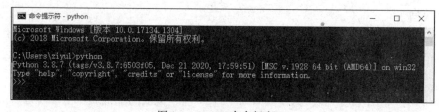

图 2-1　Python 命令行窗口

2.1.3 Python 的基本使用方法

假设在 Windows 操作系统的 C 盘根目录下已经存在一个代码文件 hello.py，该文件里面只有如下一行代码：

```
print("Hello World")
```

现在我们要运行这个代码文件。可以打开 Windows 操作系统的 cmd 命令行窗口，并在命令提示符后面输入如下语句：

```
$ python C:\hello.py
```

运行结果如图 2-2 所示。

图 2-2　在 cmd 命令行窗口中执行 Python 代码文件

Python 安装成功以后，会自带一个集成开发环境（Integrated Development and Learning Environment，IDLE）它是一个 Python Shell，程序开发人员可以利用 Python Shell 与 Python 交互。

在 Windows 操作系统的"开始"菜单中找到"IDLE（Python 3.8 64-bit）"，单击进入 IDLE 主窗口，如图 2-3 所示，窗口左侧会显示 Python 命令提示符">>>"，在命令提示符后面输入 Python 代码，按"Enter"键后就会立即执行并返回结果。

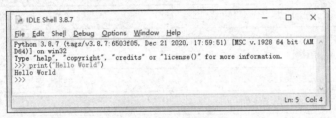

图 2-3　IDLE 主窗口

要创建一个代码文件，可以在 IDLE 主窗口的顶部菜单栏中单击"File"→"New File"，然后就会弹出图 2-4 所示的 IDLE 文件窗口，可以在里面输入 Python 代码，然后在顶部菜单栏中单击"File"→"Save As..."，把文件保存为 hello.py。

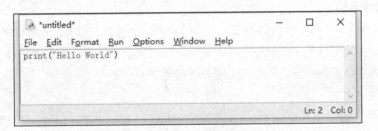

图 2-4　IDLE 文件窗口

要运行代码文件 hello.py，可以在 IDLE 文件窗口的顶部菜单栏中单击"Run"→"Run Module"，这时程序就会开始运行。程序运行结束后，会在 IDLE Shell 窗口显示执行结果，如图 2-5 所示。

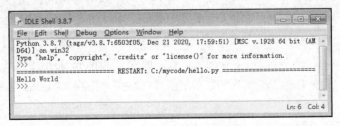

图 2-5　IDLE Shell 窗口

在实际开发中，可以通过使用 IDLE 提供的快捷键来提高程序开发效率，如表 2-1 所示。

表 2-1   IDLE 常用快捷键

快捷键	功能说明
F1	打开 Python 帮助文档
Ctrl+]	缩进代码块
Ctrl+[	取消代码块缩进
Ctrl+F6	重新启动 IDLE Shell
Ctrl+Z	撤销上一步操作
Ctrl+Shift+Z	恢复上一次的撤销操作
Ctrl+S	保存文件
Alt+P	浏览历史命令（上一条）
Alt+N	浏览历史命令（下一条）
Alt+/	自动补全前面曾经出现过的单词，如果前面有多个单词具有相同前缀，可以连续按该快捷键，在多个单词中循环选择
Alt+3	注释代码块
Alt+4	取消代码块注释
Alt+g	转到某一行

2.1.4 Python 基础语法知识

本小节介绍 Python 的基础语法知识，包括基本数据类型、序列、控制结构和函数等。

1. 基本数据类型

Python 3.x 中有 6 个标准的数据类型，分别是数字、字符串、列表、元组、字典和集合。这 6 个标准的数据类型又可以进一步划分为基本数据类型和组合数据类型。其中，数字和字符串是基本数据类型；列表、元组、字典和集合是组合数据类型。

（1）数字

在 Python 中，数字包括整数（int）、浮点数（float）、布尔类型（bool）和复数（complex），而且，数字类型变量可以表示任意大的数值。

① 整数。在 Python 中，整数包括正整数、负整数和 0；按照进制的不同，整数还可以划分为十进制整数、八进制整数、十六进制整数和二进制整数。

② 浮点数。浮点数也称为"小数"，由整数部分和小数部分构成，如 3.14、0.2、−1.648、5.8726849267842 等。浮点数也可以用科学记数法表示，如 1.3e4、−0.35e3、2.36e-3 等。

③ 布尔类型。Python 中的布尔类型主要用来表示"真"或"假"，每个对象天生具有布尔类型的 True 值或 False 值。空对象、值为零的任何数字或者对象 None 的布尔值都是 False。在 Python 3.x 中，布尔值是作为整数的子类实现的，布尔值可以转换为整数，True 值为 1，False 值为 0，可以进行数值运算。

④ 复数。复数由实数部分和虚数部分构成，可以用 $a + b$j 或者 complex(a,b) 表示，复数的实部 a 和虚部 b 都是浮点数。例如，一个复数的实部为 2.38，虚部为 18.2j，则这个复数为 2.38+18.2j。

（2）字符串

字符串是 Python 中常用的数据类型，它是连续的字符序列，一般使用单引号（''）、双引号（""）或三引号（''''''或""""""）进行界定。其中，单引号和双引号中的字符序列必须在一行上，而三引号内的字符序列可以分布在连续的多行上，从而可以支持格式较为复杂的字符串。

例如，'xyz'、'123'、'厦门'、"hadoop"、'''spark'''、""""flink""""都是合法字符串，空字符串可以表示为''、" "或""。

2. 序列

数据结构是通过某种方式组织在一起的数据元素的集合。序列是 Python 中最基本的数据结构，是指一块可存储多个值的连续内存空间，这些值按一定的顺序排列，可通过每个值所在位置的索引访问它们。在 Python 中，序列包括字符串、列表、元组、字典和集合。

（1）列表

列表是常用的 Python 数据类型，列表的数据项不需要具有相同的数据类型。在形式上，只要把以逗号分隔的不同的数据项用方括号括起来，就可以构成一个列表，例如：

```
['hadoop', 'spark', 2021, 2010]
[1, 2, 3, 4, 5]
["a", "b", "c", "d"]
['Monday', 'Tuesday', 'Wednesday', 'Thursday', 'Friday', 'Saturday', 'Sunday']
```

同其他类型的 Python 变量一样，在创建列表时，也可以直接使用赋值运算符"="将一个列表赋值给变量。例如，以下都是合法的列表定义：

```
student = ['小明', '男', 2010,10]
num = [1, 2, 3, 4, 5]
motto = ["自强不息","止于至善"]
list = ['hadoop', '年度畅销书',[2020,12000]]
```

可以看出，列表里面的元素仍然可以是列表。需要注意的是，尽管一个列表中可以放入不同类型的数据，但是，为了提高程序的可读性，一般建议在一个列表中只放入一种数据类型。

（2）元组

Python 中的列表适合存储在程序运行时变化的数据集。列表是可以修改的，这对存储一些要变化的数据而言至关重要。但是，也不是任何数据都要在程序运行期间进行修改，有时候需要创建一组不可修改的元素，此时可以使用元组。

元组的创建和列表的创建相似，不同之处在于，创建列表时使用的是方括号，而创建元组时则需要使用圆括号。元组的创建方法很简单，只需要在圆括号中添加元素，并以逗号隔开即可，具体实例如下：

```
>>> tuple1 = ('hadoop','spark',2008,2009)
>>> tuple2 = (1,2,3,4,5)
>>> tuple3 = ('hadoop',2008,("大数据","分布式计算"),["spark","flink","storm"])
```

（3）字典

字典也是 Python 提供的一种常用的数据结构，它用于存储具有映射关系的数据。例如，有一份学生成绩表数据，语文 67 分，数学 91 分，英语 78 分。如果使用列表保存这些数据，则需要两个列表，即["语文","数学","英语"]和[67,91,78]。但是，使用两个列表来保存这组数据以后，无法记录两组数据之间的映射关系。为了保存这种具有映射关系的数据，Python 提供了字典。字典相当于保存了两组数据，其中一组数据是关键数据，被称为"键"（key）；另一组数据可通过键来访问，被称为"值"（value）。

字典具有如下特性。

① 字典的元素是"键值对"，由于字典中的键是关键数据，而且程序需要通过键来访问值，因此字典中的键不允许重复，必须是唯一值，而且键必须不可变。

② 字典不支持索引和切片，但可以通过"键"查询"值"。

③ 字典是无序的对象集合，列表是有序的对象集合，两者之间的区别在于，字典当中的元素是通过键来存取的，而不是通过偏移量存取。

④ 字典是可变的，并且可以任意嵌套。

字典用大括号标识。在使用大括号创建字典时，大括号中应包含多个键值对，键与值之间用英文冒号隔开，多个键值对之间用英文逗号隔开。具体实例如下：

```
>>> grade = {"语文":67, "数学":91, "英语":78}    #键是字符串
>>> grade
{'语文': 67, '数学': 91, '英语': 78}
```

（4）集合

集合（set）是一个无序的不重复元素序列。集合中的元素必须是不可变的。在形式上，集合的所有元素都放在一对大括号中，两个相邻的元素之间使用逗号分隔。

可以直接使用大括号创建集合，实例如下：

```
>>> dayset = {'Monday', 'Tuesday', 'Wednesday', 'Thursday', 'Friday', 'Saturday', 'Sunday'}
>>> dayset
{'Tuesday', 'Monday', 'Wednesday', 'Saturday', 'Thursday', 'Sunday', 'Friday'}
```

在创建集合时，如果存在重复元素，Python 只会自动保留一个，实例如下：

```
>>> numset = {2,5,7,8,5,9}
>>> numset
{2, 5, 7, 8, 9}
```

3.控制结构

（1）选择语句

选择语句也称为"条件语句"，就是对语句中不同条件的值进行判断，从而根据不同的条件执行不同的语句。

选择语句可以分为以下 3 种形式。

① 简单的 if 语句。

② if…else 语句。

③ if…elif…else 多分支语句。

【例 2-1】使用 if 语句求出两个数的较小值。

```
01   # two_number.py
02   a,b,c = 4,5,0
```

```
03   if a>b:
04       c = b
05   if a<b:
06       c = a
07   print("两个数的较小值是:",c)
```

【例 2-2】判断一个数是奇数还是偶数。

```
01   # odd_even.py
02   a = 5
03   if a % 2 == 0:
04       print("这是一个偶数。")
05   else:
06       print("这是一个奇数。")
```

【例 2-3】判断每天上课的内容。

```
01   # lesson.py
02   day = int(input("请输入第几天课程:"))
03   if day == 1:
04       print("第 1 天上数学课")
05   elif day == 2:
06       print("第 2 天上语文课")
07   else:
08       print("其他时间上计算机课")
```

（2）循环语句

循环语句就是重复执行某段程序代码，直到满足特定条件为止。在 Python 中，循环语句有以下 2 种形式。

① while 循环语句。

② for 循环语句。

【例 2-4】用 while 循环语句实现计算 1～99 的整数和。

```
01   # int_sum.py
02   n = 1
03   sum = 0
04   while(n <= 99):
05       sum += n
06       n += 1
07   print("1～99 的整数和是:",sum)
```

【例 2-5】用 for 循环语句实现计算 1～99 的整数和。

```
01   # int_sum_for.py
02   sum=0
03   for n in range(1,100):   #range(1,100)用于生成 1～100(不包括 100)的整数
04       sum+=n
05   print("1～99 的整数和是:",sum)
```

4. 函数

函数是可以重复使用的用于实现某种功能的代码块。与其他语言类似，在 Python 中，函数的优点也是提高程序的模块性和代码复用性。

【例 2-6】定义一个带有参数的函数。

```
01  # i_like.py
02  # 定义带有参数的函数
03  def like(language):
04      '''打印喜欢的编程语言! '''
05      print("我喜欢{}语言! ".format(language))
06      return
07  # 调用函数
08  like("C")
09  like("C#")
10  like("Python")
```

上面代码的执行结果如下：

我喜欢 C 语言!

我喜欢 C#语言!

我喜欢 Python 语言!

2.1.5　Python 第三方模块的安装

Python 的强大之处在于它拥有非常丰富的第三方模块（或第三方库），可以帮我们方便、快捷地实现网络爬虫、数据清洗、数据可视化和科学计算等功能。为了便于安装和管理第三方库和软件，Python 提供了一个扩展模块（或扩展库）管理工具 pip，Python 3.8.7 在安装的时候会默认安装 pip。

pip 之所以能够成为流行的扩展模块管理工具，并不是因为它被 Python 官方作为默认的扩展模块管理器，而是因为它自身有很多优点，主要优点如下。

（1）pip 提供了丰富的功能，包括扩展模块的安装和卸载，以及显示已经安装的扩展模块。

（2）pip 能够很好地支持虚拟环境。

（3）pip 可以集中管理依赖。

（4）pip 能够处理二进制格式。

（5）pip 是先下载后安装，如果安装失败，也会清理干净，不会留下一个中间状态。

pip 提供的命令不多，但是都很实用。表 2-2 给出了常用 pip 命令的使用方法。

表 2-2　　　　　　　　　　　　　　常用 pip 命令的使用方法

pip 命令	说明
pip install SomePackage	安装 SomePackage 模块
pip list	列出当前已经安装的所有模块
pip install --upgrade SomePackage	升级 SomePackage 模块
pip uninstall SomePackage	卸载 SomePackage 模块

例如，Matplotlib 是最著名的 Python 绘图库，它提供了一整套和 MATLAB 相似的应用程序接口（Application Programming Interface，API），十分适合交互式地进行制图。可以使用如下命令安装 Matplotlib：

```
$ pip install matplotlib
```

安装成功以后，使用如下命令就可以看到安装的 Matplotlib：

```
$ pip list
```

2.2　JDK 的安装

Java 是一门面向对象编程语言。它不仅吸收了 C++的各种优点，还摒弃了 C++中难以理解的多继承、指针等概念，因此 Java 具有功能强大和简单易用两个特征。Java 作为静态面向对象编程语言的代表，极好地实现了面向对象理论，允许程序员以优雅的思维方式进行复杂的编程。Java 具有简单、面向对象、分布式、健壮、安全、平台独立与可移植、多线程、动态等特点。Java 可以编写桌面应用程序、Web 应用程序、分布式系统和嵌入式系统应用程序等。

Java 开发工具包（Java Development Kit，JDK）是整个 Java 的核心，包括了 Java 运行环境（Java Runtime Environment）、Java 工具和 Java 基础类库等。要想开发 Java 程序，就必须安装 JDK，因为 JDK 包含了各种 Java 工具；要想在计算机上运行使用 Java 开发的应用程序，也必须安装 JDK，因为 JDK 包含了 Java 运行环境。本书中，Kafka、Flume、Hadoop 的运行都依赖于 Java 运行环境，因此，需要在计算机上安装 JDK。

访问 Oracle 官网下载 JDK 安装包并完成安装。安装完成后需要设置环境变量 Path。右键单击"计算机"，再单击"属性"→"高级系统设置"→"环境变量"，在弹出的对话框中选中用户变量 Path，然后单击"编辑（E）…"按钮，在"变量值"文本框中添加如下信息：

C:\Program Files\Java\jdk1.8.0_111\bin

这个新添加的变量值和此前已经存在的变量值之间用英文分号隔开，如图 2-6 所示。"jdk1.8.0_111"是刚才已经安装的 JDK 的版本号。

然后，用同样的方法打开"环境变量"对话框，单击"新建（W）…"。如图 2-7 所示，新建一个系统变量 JAVA_HOME，把"变量值"设置如下：

C:\Program Files\Java\jdk1.8.0_111

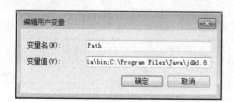

图 2-6　编辑用户变量 Path

图 2-7　新建系统变量 JAVA_HOME

打开 cmd 命令行窗口，输入"java -version"命令测试是否安装成功。如果安装成功，则会返回图 2-8 所示信息。

图 2-8　命令执行结果

2.3　MySQL 数据库的安装和使用

数据库是数据管理的有效技术，是计算机科学的重要分支。在应用程序开发中，数据库有着举足轻重的地位，绝大多数应用程序都是围绕着数据库构建起来的。

本节首先从理论层面讲起，简要介绍关系数据库的概念和关系数据库标准语言 SQL；然后在实践层面介绍 MySQL 数据库的安装和使用方法，以及如何使用 Python 操作 MySQL 数据库，包括连接数据库、创建表、插入数据、修改数据、查询数据、删除数据等。

2.3.1　关系数据库

数据库是一种主流的数据存储和管理技术。数据库指的是以一定方式存储在一起、能为多个用户共享、具有尽可能小的冗余度、与应用程序彼此独立的数据集。对数据库进行统一管理的软件被称为数据库管理系统（Database Management System，DBMS），在不引起歧义的情况下，经常会混用"数据库"和"数据库管理系统"这两个概念。在数据库的发展历史上，先后出现过网状数据库、层次数据库、关系数据库等不同类型的数据库，这些数据库分别采用了不同的数据模型（数据组织方式），目前的主流数据库是关系数据库，它采用了关系数据模型来组织和管理数据。一个关系数据库可以看成许多关系表的集合，每个关系表可以看成一张二维表格，如表2-3 所示。目前市场上常见的关系数据库产品包括 Oracle、SQL Server、MySQL、DB2 等。因为关系数据库的数据通常具有规范的结构，所以，常把保存在关系数据库中的数据称为"结构化数据"。与此相对应，图片、视频、声音文件所包含的数据没有规范的结构，被称为"非结构化数据"。而网页文件（HTML 文档）这种具有一定结构但又不是完全规范化的数据，被称为"半结构化数据"。

表 2-3　　　　　　　　　　　　　　　　　　学生信息表

学号	姓名	性别	年龄	考试成绩
95001	张三	男	21	88
95002	李四	男	22	95
95003	王梅	女	22	73
95004	林莉	女	21	96

总体而言，关系数据库具有如下特点。

（1）存储方式。关系数据库采用表格的存储方式，数据以行和列的方式存储，读取和查询都十分方便。

（2）存储结构。关系数据库按照结构化的方法存储数据，每个数据表的结构都必须事先定义好（如表的名称、字段名称、字段类型、约束等），然后再根据表的结构存入数据。这样做的好处就是，由于数据的形式和内容在存入之前就已经定义好了，因此，整个数据表的可靠性和稳定性都比较高。但其带来的问题就是，数据模型不够灵活，一旦存入数据，修改数据表的结构就会十分困难。

（3）存储规范。关系数据库为了规范化数据、减少重复数据以及充分利用存储空间，把数据按照最小关系表的形式进行存储，这样数据管理就很清晰、一目了然。当存在多个表时，表和表之间通过主外键发生关联，并通过连接查询获得相关结果。

（4）扩展方式。由于关系数据库将数据存储在数据表中，因此数据操作的瓶颈出现在多张数据表的操作中，而且数据表越多这个问题越严重。要缓解这个问题，只能提高处理能力，也就是选择速度更快、性能更高的计算机。这样的方法虽然具有一定的拓展空间，但是拓展空间是非常有限的，也就是说，一般的关系数据库只具备有限的纵向扩展能力。

（5）查询方式。关系数据库采用结构化查询语言（Structured Query Language，SQL）来对数据库进行查询。结构化查询语言是高级的非过程化编程语言，允许用户在高层数据结构上工作。它不要求用户指定数据的存储方法，也不需要用户了解具体的数据存储方法，所以，各种具有完全不同的底层结构的数据库系统，可以使用相同的结构化查询语言作为数据输入与管理的接口。结构化查询语言语句可以嵌套，这使它具有极高的灵活性和强大的功能。

（6）事务性。关系数据库支持事务的 ACID 特性（原子性、一致性、隔离性、持久性）。事务被提交给 DBMS 后，DBMS 需要确保该事务中的所有操作都成功完成，且其结果被永久保存在数据库中。如果事务中有的操作没有成功完成，则事务中的所有操作都需要被回滚，回到事务执行前的状态，从而确保数据库状态的一致性。

（7）连接方式。不同的关系数据库产品都遵守统一的数据库连接接口标准，即开放式数据库连接（Open Database Connectivity，ODBC）。ODBC 的一个显著优点是，用它生成的程序是与具体的数据库产品无关的，这样可以为数据库用户和开发人员屏蔽不同数据库异构环境的复杂性。ODBC 提供了数据库访问的统一接口，为应用程序实现与平台的无关性和可移植性提供了基础，因而获得了广泛的支持和应用。

2.3.2　关系数据库标准语言 SQL

结构化查询语言（Structured Query Language，SQL）是关系数据库的标准语言，也是一个通用的功能极强的关系数据库语言，其功能不仅仅是查询，还包括数据库创建、数据库数据的插入与修改、数据库安全性与完整性定义等。

自从 SQL 成为国际标准语言，数据库厂家纷纷推出各自的 SQL 软件或与 SQL 的接口软件。这就使大多数数据库均用 SQL 作为数据存取语言和标准接口，使不同数据库系统之间的相互操作成为可能。SQL 已经成为数据库领域中的主流语言，其意义十分重大。SQL 的主要特点如下。

（1）综合统一。SQL 集数据查询、数据操纵、数据定义和数据控制功能于一体，语言风格统一，可以独立完成数据库生命周期中的所有活动。

（2）高度非过程化。用 SQL 进行数据操作时，只要提出"做什么"，而无须指明"怎么做"，因此，用户无须了解存取路径。存取路径的选择以及 SQL 的操作过程都由系统自动完成，这不但大大减轻了用户负担，而且有利于提高数据独立性。

（3）面向集合的操作方式。SQL 采用面向集合的操作方式，不仅操作对象、查找结果可以是记录的集合，而且插入、删除、更新操作的对象也可以是记录的集合。

（4）以统一的语法结构提供多种使用方式。作为独立的语言，SQL 能够独立地用于联机交互，用户可以在终端键盘上直接键入 SQL 命令对数据库进行操作。作为嵌入式语言，SQL 语句能够嵌入高级语言（如 C、C++、Java 和 Python 等）程序，供程序员设计程序时使用。而在两种不同的使用方式下，SQL 的语法结构基本上是一致的。这种以统一的语法结构提供多使用方式的做法，非常灵活和方便。

（5）语言简洁，易学易用。SQL 功能极强，但由于设计巧妙，语言十分简洁，完成核心功能只用了 9 个动词（create、drop、insert、update、delete、alter、select、grant 和 revoke）。SQL 接近英语口语，因此易于学习和使用。

下面介绍一些常用的 SQL 语句。

1. 创建数据库

在使用数据库之前，需要创建数据库，具体语法如下：

```
CREATE DATABASE 数据库名称;
```

每条 SQL 语句的末尾用英文分号结束。

可以使用如下语句查看已经创建的所有数据库：

```
SHOW DATABASES;
```

创建好数据库以后，可以使用如下语句打开数据库：

```
USE 数据库名称;
```

2. 创建表

一个数据库会包含多个表。创建一个表的语法如下：

```
CREATE TABLE 表名称
(
列名称 1 数据类型,
列名称 2 数据类型,
列名称 3 数据类型,
...
);
```

表 2-4 列出了 SQL 中常用的数据类型。

表 2-4　　　　　　　　　　　　　　SQL 中常用的数据类型

数据类型	描述
integer(size) int(size) smallint(size) tinyint(size)	仅容纳整数 括号内的 size 用于规定数字的最大位数

数据类型	描述
decimal(size,d) numeric(size,d)	容纳带有小数的数字 size 规定数字的最大位数 d 规定小数点右侧的最大位数
char(size)	容纳固定长度的字符串（可容纳字母、数字及特殊字符） 在括号中规定字符串的长度
varchar(size)	容纳可变长度的字符串（可容纳字母、数字及特殊字符） 在括号中规定字符串的最大长度

可以使用如下 SQL 语句查看所有已经创建的表：

```
SHOW TABLES;
```

3. 插入数据

可以使用 INSERT INTO 语句向表中插入新的记录,其语法形式如下：

```
INSERT INTO 表名称 VALUES (值 1, 值 2,...);
```

也可以指定要插入数据的列：

```
INSERT INTO 表名称(列 1, 列 2,...) VALUES (值 1, 值 2,...);
```

4. 查询数据

可以使用 SELECT 语句从数据库中查询数据，其语法形式如下：

```
SELECT 列名称 FROM 表名称;
```

5. 修改数据

可以使用 UPDATE 语句修改表中的数据，其语法形式如下：

```
UPDATE 表名称 SET 列名称 = 新值 WHERE 列名称 = 某值;
```

6. 删除数据

可以使用 DELETE FROM 语句删除表中的数据，其语法形式如下：

```
DELETE FROM 表名称 WHERE 列名称 = 某值;
```

7. 删除表

可以使用 DROP TABLE 语句从数据库中删除一个表，其语法形式如下：

```
DROP TABLE 表名称;
```

8. 删除数据库

可以使用 DROP DATABASE 语句删除一个数据库，其语法形式如下：

```
DROP DATABASE 数据库名称;
```

2.3.3 安装 MySQL

MySQL 是一个关系数据库管理系统，由瑞典 MySQL AB 公司开发，属于 Oracle 公司旗下产品。MySQL 是流行的关系数据库管理系统，在 Web 应用方面，MySQL 是最好的数据库应用软件之一。

访问 MySQL 官网地址下载安装包。

如图 2-9 所示，在 MySQL 下载页面中选择"mysql-installer-community-8.0.23.0.msi"下载。

图 2-9　MySQL 下载页面

运行安装包 mysql-installer-community-8.0.23.0.msi 开始安装，如果在安装过程中提示需要安装".NET Framework 4.5.2"，则需要下载.NET Framework 4.5.2 的安装文件 NDP452-KB2901907 -x86-x64-AllOS-ENU.exe 并安装。

在安装 MySQL 的过程中，当提示"Choosing a Setup Type"时，需要选择"Server only"单选项，如图 2-10 所示。

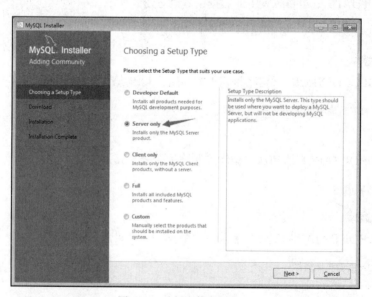

图 2-10　选择安装类型窗口

在安装 MySQL 的过程中，如果提示需要安装"Microsoft Visual C++ 2015-2019 Redistributable （x64）-14.28.29325"，选择同意安装即可，如图 2-11 所示。

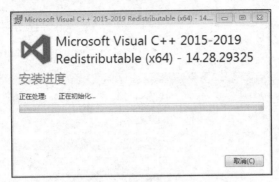

图 2-11　安装进度窗口

安装完成以后，MySQL 数据库的后台服务进程已经自动启动，这时就需要使用一个客户端工具来操作 MySQL 数据库。我们可以使用 MySQL 安装时自带的命令行窗口作为客户端工具来操作数据库。首先，在 Windows 7 的"开始"菜单中单击"MySQL 8.0 Command Line Client"图标，然后输入数据库密码（这个密码是在安装 MySQL 的过程中用户自己设置的），就会出现图 2-12 所示窗口；然后就可以在命令提示符"mysql>"后面输入 SQL 语句来执行数据库的各种操作。

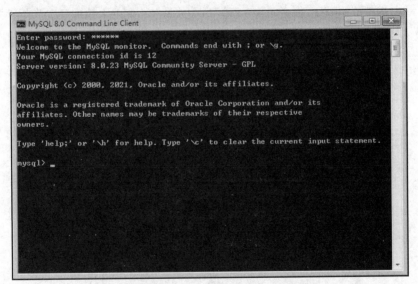

图 2-12　MySQL 命令行窗口

需要说明的是，MySQL 数据库后台服务进程启动以后，会占用一定的系统资源。实际上，我们平时在计算机上很少使用 MySQL 数据库，因此，为了减少对系统资源的占用，没有必要每次开机都自动启动 MySQL 数据库后台服务进程，可以设置"手动"启动服务进程。这样，当需要用到 MySQL 数据库时，再去手动启动即可。这里以 Windows 7 操作系统为例，介绍如何把 MySQL 数据库服务设置为"手动"启动。

在 Windows 操作系统桌面上的"计算机"图标上单击鼠标右键，在弹出的菜单中单击"管理"，出现计算机管理窗口，如图 2-13 所示。在左侧栏中单击"服务"，在右侧栏中会出现很多服务进程，其中有名称为"MySQL80"的服务进程，可以看到，该服务进程的状态为"已启动"，启动类型为"自动"。

图 2-13   计算机管理窗口

在"MySQL80"这一行上单击鼠标右键，在弹出的菜单中单击"属性"，会弹出图 2-14 所示的对话框，在这个对话框中，"服务状态"下面有三个按钮，即"启动""停止"和"暂停"，分别用来启动、停止和暂停 MySQL 服务进程。在"启动类型"右侧的下拉列表中选择"手动"，最后单击"确定"按钮即可。

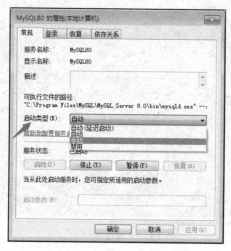

图 2-14   MySQL 启动类型设置

更改为"手动"启动以后，每次使用 MySQL 数据库之前都要打开图 2-14 所示的对话框，单击"服务状态"下面的"启动"按钮来手动启动 MySQL 服务进程。在 MySQL 数据库使用结束的时候，单击"服务状态"下面的"停止"按钮来手动停止 MySQL 服务进程。

2.3.4   MySQL 数据库的使用方法

这里给出一个综合实例来演示 MySQL 数据库的用法。我们需要创建一个管理学生信息的数据库，并把表 2-5 中的数据填充到数据库中，完成相关的数据库操作。

表 2-5 学生表

学号	姓名	性别	年龄
95001	王小明	男	21
95002	张梅梅	女	20

打开 MySQL 数据库的命令行窗口，输入如下 SQL 语句创建数据库 school：

```
mysql> CREATE DATABASE school;
```

需要注意的是，SQL 语句中可以不区分字母大小写。

可以使用如下 SQL 语句查看已经创建的所有数据库：

```
mysql> SHOW DATABASES;
```

创建好 school 数据库以后，可以使用如下 SQL 语句打开数据库：

```
mysql> USE school;
```

使用如下 SQL 语句创建一个表 student：

```
mysql>CREATE TABLE student(
    -> sno char(5),
    -> sname char(10),
    -> ssex char(2),
    -> sage int);
```

使用如下 SQL 语句查看已经创建的表：

```
mysql> SHOW TABLES;
```

使用如下 SQL 语句向 student 表中插入两条记录：

```
mysql> INSERT INTO student VALUES('95001','王小明','男',21);
mysql> INSERT INTO student VALUES('95002','张梅梅','女',20);
```

使用如下 SQL 语句查询 student 表中的记录：

```
mysql> SELECT * FROM student;
```

使用如下 SQL 语句修改表中的数据：

```
mysql> UPDATE student SET age =21 WHERE sno='95001';
```

使用如下 SQL 语句删除 student 表：

```
mysql> DROP TABLE student;
```

使用如下 SQL 语句查询数据库中还存在哪些表：

```
mysql> SHOW TABLES;
```

使用如下 SQL 语句删除 school 数据库：

```
mysql> DROP DATABASE school;
```

使用如下 SQL 语句查询系统中还存在哪些数据库：

```
mysql> SHOW DATABASES;
```

2.3.5 使用 Python 操作 MySQL 数据库

使用 Python 操作 MySQL 数据库之前，需要安装 PyMySQL，它是 Python 中操作 MySQL 的模块。在 Windows 操作系统的 cmd 命令行窗口中运行如下命令安装 PyMySQL：

```
> pip install PyMySQL
```

1. 连接数据库

首先打开 MySQL 数据库的命令行窗口，在 MySQL 数据库中创建一个名称为 school 的数据库（如果已经存在该数据库，则需要先删除再创建）；然后，编写如下代码发起对数据库的连接：

```
01  # mysql1.py
02  import pymysql.cursors
03  # 连接数据库
04  connect = pymysql.Connect(
05      host='localhost',  # 主机名
06      port=3306,  # 端口号
07      user='root',  # 数据库用户名
08      passwd='123456',  # 密码
09      db='school',  # 数据库名称
10      charset='utf8'  #编码格式
11  )
12  # 获取游标
13  cursor = connect.cursor()
14  # 执行 SQL 查询
15  cursor.execute("SELECT VERSION()")
16  # 获取单条数据
17  version = cursor.fetchone()
18  # 输出
19  print("MySQL 数据库版本是:%s" % version)
20  # 关闭数据库连接
21  connect.close()
```

上面代码的执行结果如下：

MySQL 数据库版本是:8.0.23

上面的代码中创建了一个游标（cursor）。在数据库中，游标是一个十分重要的概念。游标提供了一种对从表中检索出的数据进行操作的灵活手段。就本质而言，游标实际上是一种能从包括多条数据记录的结果集中每次提取一条记录的机制。游标总是与一条 SQL 选择语句相关联，因为游标由结果集（可以是零条、一条或由相关的选择语句检索出的多条记录）和结果集中指向特定记录的游标位置组成。当决定对结果集进行处理时，必须声明一个指向该结果集的游标。

2. 创建表

在 school 数据库中创建一个表 student，具体代码如下：

```
01    # mysql2.py
02    import pymysql.cursors
03    # 连接数据库
04    connect = pymysql.Connect(
05        host='localhost',
06        port=3306,
07        user='root',
08        passwd='123456'
09        db='school',
10        charset='utf8'
11    )
12    # 获取游标
13    cursor = connect.cursor()
14    # 如果表存在,则先删除
15    cursor.execute("DROP TABLE IF EXISTS student")
16    # 设定 SQL 语句
17    sql = """
18    CREATE TABLE student(
19        sno char(5),
20        sname char(10),
21        ssex char(2),
22        sage int);
23    """
24    # 执行 SQL 语句
25    cursor.execute(sql)
26    # 关闭数据库连接
27    connect.close()
```

3. 插入数据

把表 2-5 中的两条数据插入 student 表,具体代码如下:

```
01    # mysql3.py
02    import pymysql.cursors
03    # 连接数据库
04    connect = pymysql.Connect(
05        host='localhost',
06        port=3306,
07        user='root',
08        passwd='123456',
09        db='school',
10        charset='utf8'
11    )
12    # 获取游标
13    cursor = connect.cursor()
14    # 插入数据
15    sql = "INSERT INTO student(sno,sname,ssex,sage) VALUES ('%s', '%s', '%s', %d)"
16    data1 = ('95001','王小明','男',21)
17    data2 = ('95002','张梅梅','女',20)
18    cursor.execute(sql % data1)
```

```
19    cursor.execute(sql % data2)
20    connect.commit()
21    print('成功插入数据')
22    # 关闭数据库连接
23    connect.close()
```

4. 修改数据

把学号为"95002"的学生的年龄修改为 21 岁，具体代码如下：

```
01    # mysql4.py
02    import pymysql.cursors
03    # 连接数据库
04    connect = pymysql.Connect(
05        host='localhost',
06        port=3306,
07        user='root',
08        passwd='123456',
09        db='school',
10        charset='utf8'
11    )
12    # 获取游标
13    cursor = connect.cursor()
14    # 修改数据
15    sql = "UPDATE student SET sage = %d WHERE sno = '%s' "
16    data = (21, '95002')
17    cursor.execute(sql % data)
18    connect.commit()
19    print('成功修改数据')
20    # 关闭数据库连接
21    connect.close()
```

5. 查询数据

找出学号为"95001"的学生的具体信息，具体代码如下：

```
01    # mysql5.py
02    import pymysql.cursors
03    # 连接数据库
04    connect = pymysql.Connect(
05        host='localhost',
06        port=3306,
07        user='root',
08        passwd='123456',
09        db='school',
10        charset='utf8'
11    )
12    # 获取游标
13    cursor = connect.cursor()
14    # 查询数据
15    sql = "SELECT sno,sname,ssex,sage FROM student WHERE sno = '%s' "
```

```
16    data = ('95001',)     # 元组中只有一个元素的时候需要加一个逗号
17    cursor.execute(sql % data)
18    for row in cursor.fetchall():
19        print("学号:%s\t 姓名:%s\t 性别:%s\t 年龄:%d" % row)
20    print('共查找出', cursor.rowcount, '条数据')
21    # 关闭数据库连接
22    connect.close()
```

6. 删除数据

删除学号为"95002"的学生记录，具体代码如下：

```
01    # mysql6.py
02    import pymysql.cursors
03    # 连接数据库
04    connect = pymysql.Connect(
05        host='localhost',
06        port=3306,
07        user='root',
08        passwd='123456',
09        db='school',
10        charset='utf8'
11    )
12    # 获取游标
13    cursor = connect.cursor()
14    # 删除数据
15    sql = "DELETE FROM student WHERE sno = '%s'"
16    data = ('95002',)   # 元组中只有一个元素的时候需要加一个逗号
17    cursor.execute(sql % data)
18    connect.commit()
19    print('成功删除', cursor.rowcount, '条数据')
20    # 关闭数据库连接
21    connect.close()
```

2.4　Hadoop 的安装和使用

本节首先给出 Hadoop 简介，然后介绍分布式文件系统 HDFS，最后介绍 Hadoop 的安装方法及 HDFS 的基本使用方法。

2.4.1　Hadoop 简介

Hadoop 是 Apache 软件基金会旗下的一个开源分布式计算平台，为用户提供了系统底层细节透明的分布式基础架构。Hadoop 是基于 Java 开发的，具有跨平台特性，并且可以部署在廉价的计算机集群中。Hadoop 的核心是 Hadoop 分布式文件系统（Hadoop Distributed File System，HDFS）和 MapReduce。HDFS 是针对谷歌文件系统（Google File System，GFS）的开源实现，是面向普通硬件环境的分布式文件系统，具有较快的读写速度、很好的容错性和可伸缩性，支持大规模数

据的分布式存储，其冗余数据存储的方式很好地保证了数据的安全性。Hadoop 的 MapReduce 是针对谷歌 MapReduce 的开源实现，允许用户在不了解分布式系统底层细节的情况下开发并行应用程序，采用 MapReduce 来整合分布式文件系统上的数据，可保证分析和处理数据的高效性。借助于 Hadoop，程序员可以轻松地编写分布式并行程序，将其运行于廉价计算机集群上，完成海量数据的存储与计算。

Hadoop 被公认为行业大数据标准开源软件，在分布式环境下提供了海量数据的处理能力。几乎所有主流厂商都围绕 Hadoop 提供开发工具、开源软件、商业化工具和技术服务，如谷歌、雅虎、微软、思科、淘宝等都支持 Hadoop。

Hadoop 是一个能够对大量数据进行分布式处理的软件框架，并且是以一种可靠、高效、可伸缩的方式进行处理的，它具有以下几个方面的特性。

（1）高可靠性。采用冗余数据存储方式，即使一个副本发生故障，其他副本也可以保证正常对外提供服务。

（2）高效性。作为并行分布式计算平台，Hadoop 采用分布式存储和分布式处理两大核心技术，能够高效地处理 PB 级数据。

（3）高可扩展性。Hadoop 的设计目标是可以高效稳定地运行在廉价的计算机集群上，可以扩展到数以千计的计算机节点上。

（4）高容错性。采用冗余数据存储方式，自动保存数据的多个副本，并且能够自动将失败的任务重新分配。

（5）成本低。Hadoop 采用廉价的计算机集群，成本比较低，普通用户也很容易用自己的 PC 搭建 Hadoop 运行环境。

（6）运行在 Linux 平台上。Hadoop 是基于 Java 开发的，可以较好地运行在 Linux 平台上。

（7）支持多种编程语言。Hadoop 上的应用程序也可以使用其他语言编写，如 C++、Python、C 等。

Apache Hadoop 分为三代，分别是 Hadoop 1.0、Hadoop 2.0 和 Hadoop3.0。第一代 Hadoop 包含 0.20.x、0.21.x 和 0.22.x 三大版本，其中，0.20.x 最后演化成 1.0.x，变成了稳定版，而 0.21.x 和 0.22.x 则增加了 HDFS HA 等重要的新特性。第二代 Hadoop 包含 0.23.x 和 2.x 两大版本，它们完全不同于 Hadoop 1.0，是一套全新的架构，均包含 HDFS Federation 和 YARN（Yet Another Resource Negotiator）两个系统。Hadoop 2.0 是基于 JDK 1.7 开发的，而 JDK 1.7 在 2015 年 4 月已停止更新，于是 Hadoop 社区基于 JDK 1.8 重新发布了一个新的 Hadoop 版本，也就是 Hadoop 3.0。因此，Hadoop 3.0 以后，JDK 版本的最低依赖从 1.7 变成了 1.8。Hadoop 3.0 引入了一些重要的功能和优化，包括 HDFS 可擦除编码、多名称节点支持、任务级别的 MapReduce 本地优化、基于 cgroup 的内存和磁盘 IO 隔离等。本书选用 Apache Hadoop 3.1.3。

除了免费开源的 Apache Hadoop 以外，还有一些商业化公司推出 Hadoop 的发行版。2008 年，Cloudera 成为第一个 Hadoop 商业化公司，并在 2009 年推出第一个 Hadoop 发行版。此后，很多大公司也加入了 Hadoop 产品化的行列，如 MapR、Hortonworks、星环科技等。2018 年 10 月，Cloudera 公司和 Hortonworks 公司宣布合并。一般而言，商业化公司推出的 Hadoop 发行版也是以 Apache Hadoop 为基础的，但是前者比后者具有更好的易用性、更多的功能以及更高的性能。

2.4.2 分布式文件系统 HDFS

1. HDFS 简介

Hadoop 分布式文件系统（Hadoop Distributed File System，HDFS）是 Hadoop 项目的两大核心之一，是针对谷歌文件系统（Google File System，GFS）的开源实现。HDFS 具有处理超大数据、流式处理、可以运行在廉价商用服务器上等优点。HDFS 的设计初衷就是要运行在廉价的大型服务器集群上，因此在设计上把硬件故障作为一种常态来考虑，可以在部分硬件发生故障的情况下保证文件系统的整体可用性和可靠性。HDFS 放宽了一部分可移植操作系统接口（Portable Operating System InterfaceX，POSIX）约束，从而实现了以流的形式访问文件系统中的数据。HDFS 在访问应用程序数据时，可以有很高的吞吐率，因此对于超大数据集的应用程序而言，HDFS 作为底层数据存储系统是较好的选择。总体而言，HDFS 要实现以下目标。

（1）兼容廉价的硬件设备。在成百上千台廉价服务器中存储数据，常会出现节点失效的情况，因此 HDFS 设计了快速检测硬件故障和进行自动恢复的机制，可以实现持续监视、错误检查、容错处理和自动恢复，从而使得在硬件出错的情况下也能实现数据的完整性。

（2）流数据读写。普通文件系统主要用于随机读写以及与用户进行交互，HDFS 则是为了满足批量数据处理的要求而设计的。因此，为了提高数据吞吐率，HDFS 放松了一些 POSIX 约束，从而能够流式访问文件系统数据。

（3）大数据集。HDFS 中的文件通常可以达到 GB 甚至 TB 级别。

（4）简单的文件模型。HDFS 采用了"一次写入、多次读取"的简单文件模型，文件一旦完成写入，关闭后就无法再次写入，只能被读取。

（5）强大的跨平台兼容性。HDFS 是采用 Java 语言实现的，具有很好的跨平台兼容性，支持 Java 虚拟机（Java Virtual Machine，JVM）的机器都可以运行 HDFS。

2. HDFS 体系结构

HDFS 采用了主从（Master/Slave）结构模型，一个 HDFS 集群包含一个名称节点和若干个数据节点，如图 2-15 所示。名称节点作为中心服务器，负责管理文件系统的命名空间及客户端对文件的访问。集群中的数据节点一般是一个节点运行一个数据节点进程，负责处理文件系统客户端的读/写请求，在名称节点的统一调度下进行数据块的创建、删除和复制等操作。每个数据节点的数据实际上是保存在本地 Linux 文件系统中的。每个数据节点会周期性地向名称节点发送"心跳"信息，报告自己的状态，没有按时发送心跳信息的数据节点会被标记为"宕机"，系统不会再给它分配任何 I/O 请求。

用户在使用 HDFS 时，仍然可以像在普通文件系统中那样，使用文件名去存储和访问文件。实际上，在系统内部，一个文件会被切分成若干个数据块，这些数据块被分布存储到若干个数据节点上。客户端需要访问一个文件时，首先把文件名发送给名称节点；名称节点根据文件名找到对应的数据块（一个文件可能包括多个数据块），再根据每个数据块信息找到实际存储各个数据块的数据节点的位置，并把数据节点位置发送给客户端；最后客户端直接访问这些数据节点获取数据。在整个访问过程中，名称节点并不参与数据的传输。这种设计方式使得一个文件的数据能够在不同的数据节点上实现并发访问，大大提高了数据访问速度。

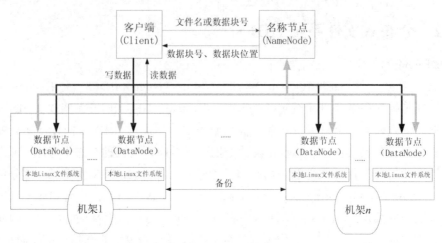

图 2-15　HDFS 的体系结构

2.4.3　Hadoop 的安装

Hadoop 包含 HDFS 和 MapReduce 两大核心组件,本书主要使用 HDFS,没有使用 MapReduce,但是,读者仍然要完整地安装 Hadoop。这里采用的 Apache Hadoop 版本是 3.1.3。

Hadoop 有三种安装模式。

(1)单机模式:只在一台机器上运行,采用本地文件系统存储,没有采用分布式文件系统 HDFS。

(2)伪分布式模式:采用分布式文件系统 HDFS 存储,但是,HDFS 的名称节点和数据节点都在同一台机器上。

(3)分布式模式:采用分布式文件系统 HDFS 存储,而且,HDFS 的名称节点和数据节点位于不同机器上。

这里介绍 Hadoop 伪分布式模式的安装方法。

到 Hadoop 官网下载 Hadoop3.1.3 安装文件 hadoop-3.1.3.tar.gz。

由于 Hadoop 不直接支持 Windows 操作系统,因此,需要使用工具集 winutils 进行支持。到 GitHub 网站下载与 Hadoop 3.1.3 配套的 winutils。如图 2-16 所示,进入下载页面后,单击"Code"按钮,然后在弹出的菜单中单击"Download ZIP"即可下载得到压缩文件 pache-hadoop-3.1.3-winutils-master.zip,再将该压缩文件解压缩。

图 2-16　winutils 的下载页面

把 Hadoop 3.1.3 安装文件 hadoop-3.1.3.tar.gz 解压缩到"C:\"（或者其他目录）下，用 winutils 中的 bin 目录替换 Hadoop 中的 bin 目录。

在"C:\ hadoop-3.1.3"目录下新建 tmp 目录，再在 tmp 目录下新建两个子目录，分别是 datanode 和 namenode。

安装完成后需要设置环境变量 Path。右键单击"计算机"，再单击"属性"→"高级系统设置"→"环境变量"→"新建（W）…"，在弹出的对话框中输入变量名"HADOOP_HOME"，设置其值为"C:\hadoop-3.1.3"，如图 2-17 所示。

用同样的方法打开"环境变量"对话框，然后选中用户变量 Path，再单击"编辑（E）…"按钮，在"变量值"文本框中添加如下信息：

%HADOOP_HOME%\bin

注意，新增加的路径和原来已有的路径之间要用英文分号隔开，如图 2-18 所示。

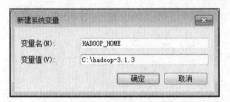

图 2-17　新建系统变量 HADOOP_HOME　　　　图 2-18　编辑用户变量 Path

对"C:\ hadoop-3.1.3\etc\hadoop"下面的 3 个配置文件进行修改。

core-site.xml 文件修改如下：

```xml
<configuration>
    <property>
        <name>fs.default.name</name>
        <value>hdfs://localhost:9000</value>
    </property>
</configuration>
```

hdfs-site.xml 文件修改如下：

```xml
<configuration>
    <property>
        <name>dfs.replication</name>
        <value>1</value>
    </property>
    <property>
      <name>dfs.permissions</name>
      <value>false</value>
    </property>
    <property>
        <name>dfs.namenode.name.dir</name>
        <value>/C:/hadoop-3.1.3/tmp/namenode</value>
    </property>
    <property>
        <name>dfs.datanode.data.dir</name>
        <value>/C:/hadoop-3.1.3/tmp/datanode</value>
    </property>
</configuration>
```

修改 hadoop-env.cmd 文件，找到如下一行：

```
set JAVA_HOME=%JAVA_HOME%
```

把"%JAVA_HOME%"替换成 JDK 的绝对路径，比如：

```
set JAVA_HOME=C:\ Java\jdk1.8.0_111
```

需要注意的是，如果 JDK 路径包含空格，后面步骤就会报错，比如：

```
set JAVA_HOME= C:\Program Files\Java\jdk1.8.0_111
```

如果采用这种带有空格的路径，后面执行"hdfs namenode -format"命令时就会报错，因为"Program Files"中存在空格。为了解决这个问题，可以使用下面两种方式之一进行处理。

（1）用"PROGRA~1"代替"Program Files"，即改为 C:\PROGRA~1\Java\jdk1.8.0_111。

（2）使用双引号，即改为"C:\Program Files"\Java\jdk1.8.0_111。

然后，在 Windows 操作系统中打开一个 cmd 命令行窗口，执行如下命令对 Hadoop 系统进行格式化：

```
> cd c:\hadoop-3.1.3\bin
> hdfs namenode -format
```

上述命令执行以后，如果返回如下信息，则表示格式化成功：

```
\hadoop-3.1.3\tmp\namenode has been successfully formatted.
```

执行如下命令启动 Hadoop：

```
> cd c:\hadoop-3.1.3\sbin
> start-dfs.cmd
```

执行该命令以后，会同时弹出另外 2 个 cmd 命令行窗口，不要关闭这 2 个新弹出的 cmd 命令行窗口，然后，在刚才执行 start-dfs.cmd 命令的 cmd 命令行窗口内，继续执行 JDK 自带的命令 jps，查看 Hadoop 已经启动的进程：

```
> jps
```

需要注意的是，这里在使用 jps 命令的时候没有带上绝对路径，这是因为已经把 JDK 添加到了环境变量 Path 中。

执行 jps 命令以后，如果能够看到"DataNode"和"NameNode"这两个进程，就说明 Hadoop 启动成功。

需要关闭 Hadoop 时，可以执行如下命令：

```
> cd c:\hadoop-3.1.3\sbin
> stop-dfs.cmd
```

2.4.4　HDFS 的基本使用方法

1．使用 Web 管理页面操作 HDFS

首先启动 Hadoop，然后在浏览器中输入"http://localhost:9870"，就可以访问 Hadoop 的 Web 管理页面，如图 2-19 所示。

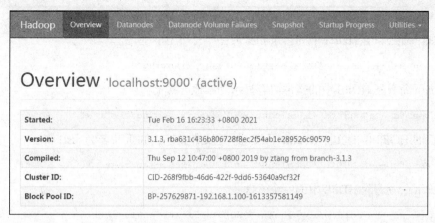

图 2-19　Hadoop 的 Web 管理页面

在 Web 管理页面中，单击顶部菜单栏中的"Utilities"→"Browse the file system"，会出现图 2-20 所示的 HDFS 文件系统操作页面。在这个页面中可以创建、查看、删除目录和文件。

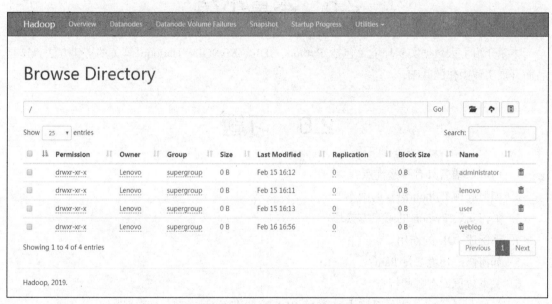

图 2-20　HDFS 文件系统操作页面

2. 使用命令操作 HDFS

除了在浏览器中通过 Web 方式操作 HDFS 以外，还可以在 cmd 命令行窗口中使用命令对 HDFS 进行操作。

首先，创建一个名称为"user"的目录，命令如下：

```
> cd c:\hadoop-3.1.3\bin
> hadoop fs -mkdir hdfs://localhost:9000/user/
> hadoop fs -mkdir hdfs://localhost:9000/user/xiaoming
```

然后，在"C:\"下创建一个文件 test.txt，里面输入一行语句"I love hadoop"，使用如下命令把该文件上传到 HDFS 中：

```
> hadoop fs -put C:\test.txt hdfs://localhost:9000/user/xiaoming
```

使用如下命令查看 HDFS 中的目录和文件：

```
> hadoop fs -ls hdfs://localhost:9000/user/xiaoming
```

使用如下命令把 HDFS 中的文件内容显示到本地屏幕上：

```
> hadoop fs -cat hdfs://localhost:9000/user/xiaoming/test.txt
```

把上面的 HDFS 中的文件 test.txt 下载到本地文件系统，并重命名为 test1.txt：

```
> hadoop fs -get hdfs://localhost:9000/user/xiaoming/test.txt  C:\test1.txt
```

使用如下命令删除 HDFS 中的一个文件：

```
> hadoop fs -rm hdfs://localhost:9000/user/xiaoming/test.txt
```

使用如下命令删除 HDFS 中的一个目录及其下面的文件：

```
> hadoop fs -rm -r hdfs://localhost:9000/user/xiaoming
```

2.5　本章小结

本章介绍了大数据实验环境（包括 Python、JDK、MySQL、Hadoop 等）的搭建方法，这是后面开展实践操作的基础。

2.6　习题

1. Python 语言具有哪些优点？
2. 如何选择 Python 语言的版本？
3. 如何安装 Python 的第三方模块？
4. 请阐述 JDK 的作用。
5. 如何修改环境变量 Path？
6. 关系数据库有哪些特点？
7. 如何在 Windows 操作系统中启动 MySQL 服务进程？如何启动客户端？
8. 请描述 HDFS 的体系结构。
9. Hadoop 有哪几种安装模式？
10. 操作 HDFS 可以使用哪几种方法？

实验 1　熟悉 MySQL 和 HDFS 操作

一、实验目的

（1）熟悉使用 Python 操作 MySQL 数据库的方法。

（2）熟练使用 HDFS 操作常用的 Shell 命令。

二、实验平台

（1）操作系统：Windows 7 及以上。

（2）Hadoop 版本：3.1.3。

（3）JDK 版本：1.8。

（4）MySQL 版本：8.0.23。

（5）Python 版本：3.8.7。

三、实验内容

1. 使用 Python 操作 MySQL 数据库

在 Windows 操作系统中安装好 MySQL 8.0.23 和 Python 3.8.7，然后完成下面的各项操作。

现有以下三个数据表。

学生表 Student（主码为 Sno）

学号（Sno）	姓名（Sname）	性别（Ssex）	年龄（Sage）	所在系别（Sdept）
10001	Jack	男	21	CS
10002	Rose	女	20	SE
10003	Michael	男	21	IS
10004	Hepburn	女	19	CS
10005	Lisa	女	20	SE

课程表 Course（主码为 Cno）

课程号（Cno）	课程名（Cname）	学分（Credit）
00001	DataBase	4
00002	DataStructure	4
00003	Algorithms	3
00004	OperatingSystems	5
00005	ComputerNetwork	4

选课表 SC（主码为 Sno 和 Cno）

学号（Sno）	课程号（Cno）	成绩（Grade）
10002	00003	86
10001	00002	90
10002	00004	70
10003	00001	85
10004	00002	77
10005	00003	88
10001	00005	91
10002	00002	79
10003	00002	83
10004	00003	67

通过编程实现以下操作。

（1）查询学号为"10002"的学生的所有成绩，结果需包含学号、姓名、所在系别、课程号、课程名及对应成绩。

（2）查询每位学生成绩大于 85 的课程，结果需包含学号、姓名、所在系别、课程号、课程名及对应成绩。

（3）由于培养计划改变，将课程号为"00001"、课程名为"DataBase"的课程的学分改为 5 学分。

（4）学号为"10005"的学生 OperatingSystems（00004）成绩为 73 分，将这一记录写入选课表。

（5）将学号为"10003"的学生从这三个表中删除。

2. 使用 Shell 命令操作 HDFS

在 Windows 操作系统中安装 Hadoop 3.1.3，然后完成下面的各项操作。

（1）使用自己的用户名登录 Windows 操作系统，启动 Hadoop，为当前登录的 Windows 用户在 HDFS 中创建用户目录"/user/[用户名]"。

（2）在 HDFS 的目录"/user/[用户名]"下，创建 test 目录。

（3）将 Windows 操作系统本地的一个文件上传到 HDFS 的 test 目录中，并查看上传后的文件内容。

（4）将 HDFS 的 test 目录复制到 Windows 本地文件系统的某个目录下。

四、实验报告

"数据采集与预处理"课程实验报告

题目：		姓名：		日期：

实验环境：

实验内容与完成情况：

出现的问题：

解决方案（列出遇到的问题和解决办法，列出没有解决的问题）：

第3章
网络数据采集

网络数据采集是一种重要的数据采集方法。网络爬虫（简称爬虫）是用于网络数据采集的关键技术，它是一种按照一定的规则自动地抓取万维网信息的程序或者脚本，已经被广泛用于互联网搜索引擎或其他需要网络数据的企业。网络爬虫可以自动采集所有它能够访问到的页面内容，以获取或更新这些网站的内容。

本章首先介绍网络爬虫的基本概念，包括什么是网络爬虫、网络爬虫的类型及反爬机制；然后介绍一些网页基础知识；接下来介绍如何使用 Python 实现 HTTP 请求，如何定制 requests 以及如何解析网页；最后给出 3 个网络爬虫的实例。

3.1 网络爬虫概述

本节介绍什么是网络爬虫、网络爬虫的类型和反爬机制。

3.1.1 什么是网络爬虫

网络爬虫是一个自动提取网页的程序，它为搜索引擎从万维网上下载网页，是搜索引擎的重要组成部分。如图 3-1 所示，网络爬虫从一个或若干个初始网页的 URL 开始，获得初始网页上的 URL，在抓取网页的过程中，不断从当前页面上抽取新的 URL 放入队列，直到满足系统的一定停止条件。实际上，网络爬虫的行为和人们访问网站的行为是类似的。例如，用户平时"逛"天猫商城（PC 端），他的整个活动过程通常就是打开浏览器→搜索天猫商城→单击链接进入天猫商城→选择所需商品类目（站内搜索）→浏览商品（价格、详情参数、评论等）→单击链接→进入下一个商品页面……周而复始。现在，这个过程不再由用户手动完成，而是由网络爬虫自动去完成。

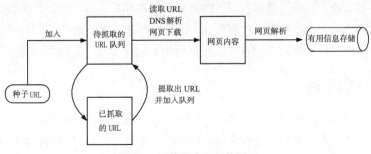

图 3-1　网络爬虫的工作原理

3.1.2　网络爬虫的类型

网络爬虫可以分为通用网络爬虫、聚焦网络爬虫、增量式网络爬虫、深层网络爬虫。

（1）通用网络爬虫。通用网络爬虫又称"全网爬虫（Scalable Web Crawler）"，爬行对象从一些种子 URL 扩充到整个 Web。该架构主要为门户站点搜索引擎和大型 Web 服务提供商采集数据。通用网络爬虫的结构大致包括页面爬行模块、页面分析模块、链接过滤模块、页面数据库、URL 队列和初始 URL 集合。为提高工作效率，通用网络爬虫会采取一定的爬行策略。常用的爬行策略有深度优先策略和广度优先策略。

（2）聚焦网络爬虫。聚焦网络爬虫（Focused Crawler）又称"主题网络爬虫（Topical Crawler）"，是指选择性地爬行那些与预先定义好的主题相关的页面的网络爬虫。和通用网络爬虫相比，聚焦网络爬虫只需要爬行与主题相关的页面，极大地节省了硬件和网络资源，保存的页面也由于数量少而更新快，还可以很好地满足一些特定人群对特定领域信息的需求。聚焦网络爬虫的工作流程较为复杂：首先需要根据一定的网页分析算法过滤与主题无关的链接，保留有用的链接并将其放入等待抓取的 URL 队列；然后，它根据一定的搜索策略从队列中选择下一步要抓取的网页的 URL，并重复上述过程，直到达到系统的某一条件时停止。所有被抓取的网页将会被系统存储、分析、过滤，并建立索引，用于将来的查询和检索。对于聚焦网络爬虫来说，这一过程所得到的分析结果还可能对以后的抓取过程给出指导。聚焦网络爬虫常用的策略包括基于内容评价的爬行策略、基于链接结构评价的爬行策略、基于增强学习的爬行策略和基于语境图的爬行策略。

（3）增量式网络爬虫。增量式网络爬虫（Incremental Web Crawler）是指对已下载网页采取增量式更新和只爬行新产生或发生变化的网页的网络爬虫，它能够保证所爬行的页面是尽可能新的页面。和周期性爬行和刷新页面的网络爬虫相比，增量式网络爬虫只会在需要的时候爬行新产生或发生变化的网页，并不重新下载没有发生变化的网页，可有效减少数据下载量，及时更新已爬行的网页，减小时间和空间上的耗费。但是这增加了爬行算法的复杂度和实现难度。增量式网络爬虫有两个目标：保持本地页面集中存储的页面为最新页面和提高本地页面集中页面的质量。为实现第一个目标，增量式网络爬虫需要通过重新访问网页来更新本地页面集中页面的内容。为了实现第二个目标，增量式网络爬虫需要对网页的重要性排序，常用的策略包括广度优先策略和PageRank 优先策略等。

（4）深层网络爬虫。深层网络爬虫将 Web 页面按存在方式分为表层网页（Surface Web）和深层网页（Deep Web，也称 Invisible Web Page 或 Hidden Web）。表层网页是指传统搜索引擎可以索引的页面，即以超链接可以到达的静态网页为主构成的 Web 页面。深层网页是那些大部分内容不能通过静态链接获取的、隐藏在搜索表单后的、只有用户提交一些关键词才能获得的 Web 页面。深层网络爬虫体系结构包含 6 个基本功能模块（爬行控制器、解析器、表单分析器、表单处理器、响应分析器、LVS 控制器）和两个爬虫内部数据结构（URL 列表、LVS 列表）。

3.1.3　反爬机制

为什么会有反爬机制？原因主要有两点：第一，在大数据时代，数据是十分宝贵的财富，很多企业不愿意让自己的数据被别人免费获取，因此，很多企业为自己的网站运用了反爬机制，防止网页上的数据被爬走；第二，简单低级的网络爬虫数据采集速度快，伪装度低，如果没有反爬机制，它们就可以很快地抓取大量数据，甚至因为请求过多，造成网站服务器不能正常工作，影响企业的业务开展。

反爬机制也是一把双刃剑，一方面可以保护企业网站和网站数据，另一方面，如果反爬机制过于严格，可能会误伤真正的用户，也就是真正用户的请求被误当成网络爬虫而被拒绝。如果既要和网络爬虫"死磕"，又要保证很低的误伤率，那么又会增加网站研发的成本。

通常而言，伪装度高的网络爬虫速度慢，给服务器造成的负担也相对较小。所以，网站反爬的重点是那种简单粗暴的数据采集。有时反爬机制会允许伪装度高的网路爬虫获得数据，毕竟伪装度很高的数据采集与真实用户请求没有太大差别。

3.2　网页基础知识

在学习网络爬虫相关知识之前，读者需要了解一些基本的网页知识，包括超文本、HTML、HTTP 等。

3.2.1　超文本和 HTML

超文本（Hypertext）是指使用超链接的方法，把文字和图片相互联结，形成具有相关信息的体系。超文本的格式有很多，目前最常使用的是超文本标记语言（Hyper Text Markup Language，HTML）。我们平时在浏览器里面看到的网页就是由 HTML 解析而成的。下面是网页文件 web_demo.html 的 HTML 源代码：

```
<html>
<head><title>搜索指数</title></head>
<body>
<table>
<tr><td>排名</td><td>关键词</td><td>搜索指数</td></tr>
<tr><td>1</td><td>大数据</td><td>187767</td></tr>
<tr><td>2</td><td>云计算</td><td>178856</td></tr>
<tr><td>3</td><td>物联网</td><td>122376</td></tr>
</table>
</body>
</html>
```

使用网页浏览器（如 IE、Firefox 等）打开这个网页文件，就会看到图 3-2 所示的网页内容。

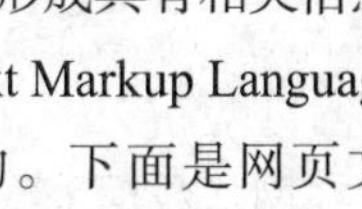

排名	关键词	搜索指数
1	大数据	187767
2	云计算	178856
3	物联网	122376

图 3-2　网页文件显示效果

3.2.2　HTTP

超文本传输协议（Hyper Text Transfer Protocol，HTTP）是由万维网协会（World Wide Web Consortium）和互联网工程任务组（Internet Engineering Task Force，IETF）共同制定的规范。HTTP 用于从网络传输超文本数据到本地浏览器，它能保证高效而准确地传送超文本内容。

HTTP 是基于"客户端/服务器"架构进行通信的，HTTP 的服务器实现程序有 httpd、nginx

等，客户端的实现程序主要是 Web 浏览器，如 Firefox、Chrome、Safari、Opera 等。Web 浏览器和 Web 服务器之间可以通过 HTTP 进行通信。

一个典型的 HTTP 请求过程如图 3-3 所示。

（1）用户在浏览器中输入网址，浏览器向 Web 服务器发起请求。

（2）Web 服务器接收用户访问请求，处理请求，产生响应（即把处理结果以 HTML 形式发送给浏览器。

（3）浏览器接收来自 Web 服务器的 HTML 内容，进行渲染以后展示给用户。

图 3-3　一个典型的 HTTP 请求过程

3.3　用 Python 实现 HTTP 请求

在网络数据采集中，读取 URL、下载网页是网络爬虫必备而又关键的功能，而这两个功能都离不开 HTTP。本节介绍用 Python 实现 HTTP 请求的 3 种常见方式：urllib 模块、urllib3 模块和 requests 模块。

3.3.1　urllib 模块

urllib 是 Python 自带模块，该模块提供了一个 urlopen() 方法，通过该方法指定 URL，发送 HTTP 请求来获取数据。urllib 有多个子模块，具体的子模块名称与功能如表 3-1 所示。

表 3-1　　　　　　　　　　　　　　　　urllib 中的子模块

子模块名称	功能
urllib.request	该模块定义了打开 URL（主要是 HTTP）的方法和类，如身份验证、重定向和 cookie 等
urllib.error	该模块主要包含异常类，基本的异常类是 URLError
urllib.parse	该模块定义的功能分为两大类：URL 解析和 URL 引用
urllib.robotparser	该模块用于解析 robots.txt 文件

下面是通过 urllib.request 子模块实现发送 GET 请求获取网页内容的实例：

```
>>> import urllib.request
>>> response=urllib.request.urlopen("http://www.baidu.com")
>>> html=response.read()
>>> print(html)
```

下面是通过 urllib.request 子模块实现发送 POST 请求获取网页内容的实例：

```
>>> import urllib.parse
>>> import urllib.request
>>> # 1.指定 url
>>> url = 'https://fanyi.baidu.com/sug'
>>> # 2.发起 POST 请求之前,要处理 POST 请求携带的参数
>>> # 2.1 将 POST 请求封装到字典
>>> data = {'kw':'苹果',}
>>> # 2.2 使用 parse 子模块中的 urlencode (返回值类型是字符串类型) 进行编码处理
>>> data = urllib.parse.urlencode(data)
>>> # 将步骤 2.2 的编码结果转换成 byte 类型
>>> data = data.encode()
>>> # 3.发起 POST 请求:urlopen() 函数的 data 参数表示的就是经过处理之后的 POST 请求携带的参数
>>> response = urllib.request.urlopen(url=url,data=data)
>>> data = response.read()
>>> print(data)
b'{"errno":0,"data":[{"k":"\\u82f9\\u679c","v":"\\u540d.
    apple"},{"k":"\\u82f9\\u679c\\u56ed","v":"apple
    grove"},{"k":"\\u82f9\\u679c\\u5934","v":"apple
    head"},{"k":"\\u82f9\\u679c\\u5e72","v":"[\\u533b]dried
    apple"},{"k":"\\u82f9\\u679c\\u6728","v":"applewood"}]}'
```

把上面 print（data）的执行结果拿到 JSON 在线格式校验网站进行处理,使用 "Unicode 转中文" 功能可以得到如下结果:

```
b'{"errno":0,"data":[{"k":"\苹\果","v":"\名. apple"},{"k":"\苹\果\园","v":"apple
grove"},{"k":"\苹\果\头","v":"apple head"},{"k":"\苹\果\干","v":"[\医]dried
apple"},{"k":"\苹\果\木","v":"applewood"}]}'
```

3.3.2 urllib3 模块

urllib3 是一个功能强大、条理清晰、用于 HTTP 客户端的 Python 库,Python 的许多原生系统已经开始使用 urllib3。urllib3 提供了很多 Python 标准库里所没有的重要特性,包括线程安全、连接池、客户端 SSL/TLS 验证、文件分部编码上传、协助处理重复请求和 HTTP 重定位、支持压缩编码、支持 HTTP 和 SOCKS 代理、100%测试覆盖率等。

在使用 urllib3 之前,需要打开一个 cmd 命令行窗口使用如下命令进行安装:

```
> pip install urllib3
```

下面是通过 GET 请求获取网页内容的实例:

```
>>> import urllib3
>>> # 需要一个 PoolManager 实例来生成请求,由该实例对象处理与线程池的连接以及线程安全的所有细节,
不需要任何人为操作
>>> http = urllib3.PoolManager()
>>> response = http.request('GET','http://www.baidu.com')
>>> print(response.status)
>>> print(response.data)
```

下面是通过 POST 请求获取网页内容的实例:

```
>>> import urllib3
>>> http = urllib3.PoolManager()
>>> response = http.request('POST',
            'https://fanyi.baidu.com/sug'
            ,fields={'kw':'苹果',})
>>> print(response.data)
```

3.3.3 requests 模块

requests 是一个非常好用的 HTTP 请求库，可用于网络请求和网络爬虫等。

在使用 requests 之前，需要打开一个 cmd 命令行窗口使用如下命令进行安装：

```
> pip install requests
```

以 GET 请求方式为例，打印多种请求信息的代码如下：

```
>>> import requests
>>> response = requests.get('http://www.baidu.com')  # 对需要爬取的网页发送请求
>>> print('状态码:',response.status_code)  # 打印状态码
>>> print('url:',response.url)  # 打印请求 url
>>> print('header:',response.headers)  # 打印头部信息
>>> print('cookie:',response.cookies)  # 打印 cookie 信息
>>> print('text:',response.text)  #以文本形式打印网页源码
>>> print('content:',response.content)  # 以字节流形式打印网页源码
```

以 POST 请求方式发送 HTTP 网页请求的示例代码如下：

```
>>> import requests
>>> # 导入模块
>>> import requests
>>> # 表单参数
>>> data = {'kw':'苹果',}
>>> # 对需要爬取的网页发送请求
>>> response = requests.post('https://fanyi.baidu.com/sug',data=data)
>>> # 以字节流形式打印网页源码
>>> print(response.content)
```

3.4   定制 requests

通过前面的学习，我们已经可以爬取网页的 HTML 代码数据了，但有时候我们需要对 requests 的参数进行设置才能顺利获取我们需要的数据，包括传递 URL 参数、定制请求头和网络超时等。

3.4.1   传递 URL 参数

为了请求特定的数据，我们需要在 URL 的查询字符串中加入一些特定数据。这些数据一般会跟在一个问号后面，并且以键值对的形式放在 URL 中。在 requests 中，我们可以直接把这些参数

保存在字典里，用 params 构建到 URL 中。具体实例如下：

```
>>> import requests
>>> base_url = 'http://httpbin.org'
>>> param_data = {'user':'xmu','password':'123456'}
>>> response = requests.get(base_url+'/get',params=param_data)
>>> print(response.url)
http://httpbin.org/get?user=xmu&password=123456
>>> print(response.status_code)
200
```

3.4.2 定制请求头

在爬取网页的时候，输出的信息中有时候会出现"抱歉，无法访问"等字眼，这就是禁止爬取，需要通过定制请求头（Headers）来解决这个问题。定制 Headers 是解决 requests 请求被拒绝的方法之一，相当于我们进入这个 Web 服务器，假装自己本身在爬取数据。Headers 提供了关于请求、响应或其他发送实体的消息，如果没有定制 Headers 或请求的 Headers 和实际网页不一致，就可能无法返回正确结果。

获取一个网页的 Headers 的方法举例说明如下：使用火狐浏览器打开一个网址，在网页上单击鼠标右键，在弹出的菜单中选择"查看元素"，然后刷新网页，再按照图 3-4 所示的步骤，先单击"Network"选项卡，再单击"Doc"，接下来单击"Name"下方的网址，就会出现类似下面的 Headers 信息：

```
User-Agent:Mozilla/5.0 (Windows NT 6.1; WOW64) AppleWebKit/537.36 (KHTML, like Gecko)
Chrome/46.0.2490.86 Safari/537.36
```

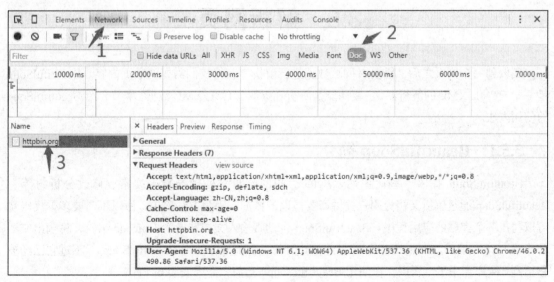

图 3-4 查看 Headers

Headers 中有很多内容，常用的就是"User-Agent"和"Host"。它们是以键值对的形式呈现的，如果把"User-Agent"以字典键值对形式作为 Headers 的内容，往往就可以顺利爬取网页内容。

下面是添加了 Headers 信息的网页请求过程：

```
>>> import requests
>>> url='http://httpbin.org'
>>> # 创建头部信息
>>> headers={'User-Agent':'Mozilla/5.0 (Windows NT 6.1; WOW64) AppleWebKit/537.36
(KHTML, like Gecko) Chrome/46.0.2490.86 Safari/537.36'}
>>> response = requests.get(url,headers=headers)
>>> print(response.content)
```

3.4.3　网络超时

网络请求难免遇上请求超时的情况，这个时候，网络数据采集程序会一直运行等待进程，导致网络数据采集程序不能很好地顺利执行。因此，可以为 requests 的 timeout 参数设定等待秒数，如果服务器在指定时间内没有应答就返回异常。具体代码如下：

```
01  # time_out.py
02  import requests
03  from requests.exceptions import ReadTimeout,ConnectTimeout
04  try:
05      response = requests.get("http://www.baidu.com", timeout=0.5)
06      print(response.status_code)
07  except ReadTimeout or ConnectTimeout:
08      print('Timeout')
```

3.5　解析网页

爬取到一个网页之后，需要对网页数据进行解析，获得我们需要的数据内容。BeautifulSoup 是一个 HTML/XML 的解析器，主要功能是解析和提取 HTML/XML 数据。本节介绍 BeautifulSoup 的使用方法。

3.5.1　BeautifulSoup 简介

BeautifulSoup 提供一些简单的、Python 式的函数来处理导航、搜索、修改分析树等。BeautifulSoup 通过解析文档为用户提供需要抓取的数据，因为方法简单，所以不需要多少代码就可以写出一个完整的应用程序。BeautifulSoup 自动将输入文档转换为 Unicode 编码，将输出文档转换为 UTF-8 编码。BeautifulSoup3 已经停止开发，目前推荐使用 BeautifulSoup4，不过它已经被移植到 bs4 库当中了，所以，在使用 BeautifulSoup4 之前，需要安装 bs4 库：

```
> pip install bs4
```

使用 BeautifulSoup 解析 HTML 文档比较简单，API 非常人性化，支持 CSS 选择器、Python 标准库的 HTML 解析器，也支持 lxml 库的 XML 解析器和 HTML 解析器，此外还支持 html5lib 解析器，表 3-2 列出了不同解析器的优缺点。

表 3-2　　　　　　　　　　　　　　　　不同解析器的优缺点

解析器	用法	优点	缺点
Python 标准库的 HTML 解析器	BeautifulSoup(markup,"html.parser")	Python 标准库 执行速度适中	文档容错能力差
lxml 库的 HTML 解析器	BeautifulSoup(markup,"lxml")	速度快 文档容错能力强	需要安装 C 语言库
lxml 库的 XML 解析器	BeautifulSoup(markup, "lxml-xml") BeautifulSoup(markup,"xml")	速度快 唯一支持 XML 的解析器	需要安装 C 语言库
html5lib 解析器	BeautifulSoup(markup, "html5lib")	兼容性好 以浏览器的方式解析文档 生成 HTML5 格式的文档	速度慢, 不依赖外部扩展

　　总体而言, 如果需要快速解析网页, 建议使用 lxml 库的解析器; 如果使用的 Python 2.x 是 2.7.3 之前的版本, 或者使用的 Python 3.x 是 3.2.2 之前的版本, 则必须使用 html5lib 解析器或 lxml 库的解析器, 因为 Python 内建的 HTML 解析器不能很好地适应这些老版本。

　　下面给出一个 BeautifulSoup 解析网页的简单实例, 使用了 lxml 库的解析器。在使用之前, 需要执行如下命令安装 lxml 库:

```
> pip install lxml
```

下面是实例代码:

```
>>> html_doc = """
<html><head><title>BigData Software</title></head>
<p class="title"><b>BigData Software</b></p>
<p class="bigdata">There are three famous bigdata softwares; and their names are
<a href="http://example.com/hadoop" class="software" id="link1">Hadoop</a>,
<a href="http://example.com/spark" class="software" id="link2">Spark</a> and
<a href="http://example.com/flink" class="software" id="link3">Flink</a>;
and they are widely used in real applications.</p>
<p class="bigdata">...</p>
"""
>>> from bs4 import BeautifulSoup
>>> soup = BeautifulSoup(html_doc,"lxml")
>>> content = soup.prettify()
>>> print(content)
<html>
 <head>
  <title>
   BigData Software
  </title>
 </head>
 <body>
  <p class="title">
   <b>
    BigData Software
   </b>
  </p>
```

```
<p class="bigdata">
 There are three famous bigdata softwares; and their names are
 <a class="software" href="http://example.com/hadoop" id="link1">
 Hadoop
 </a>
 ,
 <a class="software" href="http://example.com/spark" id="link2">
 Spark
 </a>
 and
 <a class="software" href="http://example.com/flink" id="link3">
 Flink
 </a>
 ;
and they are widely used in real applications.
 </p>
 <p class="bigdata">
 ...
 </p>
 </body>
</html>
```

如果要更换解析器，比如要使用 Python 标准库的解析器，把上面的"soup = BeautifulSoup（html_doc，"lxml"）"这行代码替换成如下代码即可：

```
soup = BeautifulSoup(html_doc,"html.parser")
```

3.5.2 BeautifulSoup 四大对象

BeautifulSoup 将复杂 HTML 文档转换成一个复杂的树形结构，每个节点都是 Python 对象，所有对象可以归纳为 4 种：Tag 对象、NavigableString 对象、BeautifulSoup 对象、Comment 对象。

1．Tag 对象

Tag 对象就是 HTML 中的一个个标签，例如：

```
<title>BigData Software</title>
<a href="http://example.com/hadoop" class="software" id="link1">Hadoop</a>
```

上面的<title>、<a>等标签加上里面包括的内容就是 Tag 对象。用 soup 加标签名可以轻松地获取这些标签的内容。作为演示，我们继续执行以下代码：

```
>>> print(soup.a)
<a class="software" href="http://example.com/hadoop" id="link1">Hadoop</a>
>>> print(soup.title)
<title>BigData Software</title>
```

Tag 对象有两个重要的属性，即 name 属性和 attrs 属性。下面继续执行代码：

```
>>> print(soup.name)
[document]
>>> print(soup.p.attrs)
{'class': ['title']}
```

如果想要单独获取某个属性的值，比如要获取 class 属性的值，可以执行如下代码：

```
>>> print(soup.p['class'])
['title']
```

还可以利用 get()方法获取属性的值，代码如下：

```
>>> print(soup.p.get('class'))
['title']
```

2. NavigableString 对象

NavigableString 对象用于操纵字符串。在已经通过网页解析得到标签的内容以后，如果我们想获取标签内部的文字，则可以使用.string 属性，其返回值就是一个 NavigableString 对象，具体实例如下：

```
>>> print(soup.p.string)
BigData Software
>>> print(type(soup.p.string))
<class 'bs4.element.NavigableString'>
```

3. BeautifulSoup 对象

BeautifulSoup 对象表示的是一个文档的全部内容，大部分时候，可以把它当作一个特殊的 Tag 对象。例如，可以分别获取它的类型、名称以及属性：

```
>>> print(type(soup.name))
<class 'str'>
>>> print(soup.name)
[document]
>>> print(soup.attrs)
{}
```

4. Comment 对象

Comment 对象是一种特殊类型的 NavigableString 对象，输出的内容不包括注释符号。它如果处理不好，可能会给文本处理造成意想不到的麻烦。为了演示 Comment 对象，这里重新创建一个代码文件 bs4_example.py：

```
01  # bs4_example.py
02  html_doc = """
03  <html><head><title>The Dormouse's story</title></head>
04  <p class="title"><b>The Dormouse's story</b></p>
05  <p class="story">Once upon a time there were three little sisters; and their names were
06  <a href="http://example.com/elsie" class="sister" id="link1"><!-- Elsie --></a>,
07  <a href="http://example.com/lacie" class="sister" id="link2">Lacie</a> and
08  <a href="http://example.com/tillie" class="sister" id="link3">Tillie</a>;
09  and they lived at the bottom of a well.</p>
10  <p class="story">...</p>
11  """
12  from bs4 import BeautifulSoup
13  soup = BeautifulSoup(html_doc,"lxml")
14  print(soup.a)
15  print(soup.a.string)
16  print(type(soup.a.string))
```

该代码文件的执行结果如下：

```
<a class="sister" href="http://example.com/elsie" id="link1"><!-- Elsie --></a>
Elsie
<class 'bs4.element.Comment'>
```

从上面的执行结果可以看出，a 标签里的内容"<!-- Elsie -->"实际上是注释，但是使用语句 print（soup.a.string）输出它的内容以后会发现，注释符号被去掉了，只输出了"Elsie"，这可能会给我们带来不必要的麻烦。另外，我们输出它的类型，发现它是 Comment 类型。

通过上面的介绍，我们已经了解了 BeautifulSoup 的基本概念，现在的问题：如何从 HTML 中找到我们关心的数据呢？BeautifulSoup 提供了两种方式，一种是遍历文档树，另一种是搜索文档树。我们通常把两者结合起来完成查找任务。

3.5.3 遍历文档树

遍历文档树就是从根节点 html 标签开始遍历，直到找到目标元素为止。

1. 直接子节点

（1）.contents 属性

Tag 对象的.contents 属性可以将某个 Tag 对象的子节点以列表的方式输出，当然，列表会允许用索引的方式来获取列表中的元素。下面是示例代码：

```
>>> html_doc = """
<html><head><title>BigData Software</title></head>
<p class="title"><b>BigData Software</b></p>
<p class="bigdata">There are three famous bigdata softwares; and their names are
<a href="http://example.com/hadoop" class="software" id="link1">Hadoop</a>,
<a href="http://example.com/spark" class="software" id="link2">Spark</a> and
<a href="http://example.com/flink" class="software" id="link3">Flink</a>;
and they are widely used in real applications.</p>
<p class="bigdata">...</p>
"""
>>> from bs4 import BeautifulSoup
>>> soup = BeautifulSoup(html_doc,"lxml")
>>> print(soup.body.contents)
[<p class="title"><b>BigData Software</b></p>, '\n', <p class="bigdata">There are
three famous bigdata softwares; and their names are
<a class="software" href="http://example.com/hadoop" id="link1">Hadoop</a>,
<a class="software" href="http://example.com/spark" id="link2">Spark</a> and
<a class="software" href="http://example.com/flink" id="link3">Flink</a>;
and they are widely used in real applications.</p>, '\n', <p class="bigdata">...</p>, '\n']
```

可以使用索引的方式来获取列表中的元素：

```
>>> print(soup.body.contents[0])
<p class="title"><b>BigData Software</b></p>
```

（2）.children 属性

Tag 对象的.children 属性是一个迭代器，可以使用 for 循环进行遍历，代码如下：

```
>>> for child in soup.body.children:
        print(child)
```

上面代码的执行结果如下：

```
<p class="title"><b>BigData Software</b></p>
```

```
<p class="bigdata">There are three famous bigdata softwares; and their names are
<a class="software" href="http://example.com/hadoop" id="link1">Hadoop</a>,
<a class="software" href="http://example.com/spark" id="link2">Spark</a> and
<a class="software" href="http://example.com/flink" id="link3">Flink</a>;
and they are widely used in real applications.</p>
```

```
<p class="bigdata">...</p>
```

2. 所有子孙节点

在获取所有子孙节点时，可以使用.descendants 属性。与 Tag 对象的.children 属性和.contents 属性仅包含 Tag 对象的直接子节点不同，该属性是将 Tag 对象的所有子孙节点进行递归循环，然后得到生成器。示例代码如下：

```
>>> for child in soup.descendants:
        print(child)
```

上面代码的执行结果较长，因此这里没有给出。在执行结果中可以发现，所有的节点都被打印出来了，先生成最外层的 html 标签，再从 head 标签一个个剥离，以此类推。

3. 节点内容

（1）Tag 对象内没有标签的情况

```
>>> print(soup.title)
<title>BigData Software</title>
>>> print(soup.title.string)
BigData Software
```

（2）Tag 对象内有一个标签的情况

```
>>> print(soup.head)
<head><title>BigData Software</title></head>
>>> print(soup.head.string)
BigData Software
```

（3）Tag 对象内有多个标签的情况

```
>>> print(soup.body)
<body><p class="title"><b>BigData Software</b></p>
<p class="bigdata">There are three famous bigdata softwares; and their names are
<a class="software" href="http://example.com/hadoop" id="link1">Hadoop</a>,
<a class="software" href="http://example.com/spark" id="link2">Spark</a> and
<a class="software" href="http://example.com/flink" id="link3">Flink</a>;
and they are widely used in real applications.</p>
<p class="bigdata">...</p>
</body>
```

从上面的执行结果中可以看出，body 标签包含了多个 p 标签，这时如果使用.string 属性获取子节点内容，就会返回 None，代码如下：

```
>>> print(soup.body.string)
None
```

也就是说，如果 Tag 对象包含了多个子节点，就无法确定.string 属性应该调用哪个子节点的内容，因此.string 属性的输出结果是 None。这时应该使用.strings 属性或.stripped_strings 属性，它们获得的都是一个生成器，示例代码如下：

```
>>> print(soup.strings)
<generator object Tag._all_strings at 0x0000000002C4D190>
```

可以用 for 循环对生成器进行遍历，代码如下：

```
>>> for string in soup.strings:
        print(repr(string))
```

上面代码的执行结果如下：

```
'BigData Software'
'\n'
'BigData Software'
'\n'
'There are three famous bigdata softwares; and their names are\n'
'Hadoop'
',\n'
'Spark'
' and\n'
'Flink'
';\nand they are widely used in real applications.'
'\n'
'...'
'\n'
```

使用 Tag 对象的.stripped_strings 属性，可以获得去掉空白行的标签内的众多内容，示例代码如下：

```
>>> for string in soup.stripped_strings:
        print(string)
```

上面代码的执行结果如下：

```
BigData Software
BigData Software
There are three famous bigdata softwares; and their names are
Hadoop
,
Spark
and
Flink
;
and they are widely used in real applications.
...
```

4. 直接父节点

使用 Tag 对象的.parent 属性可以获得父节点，使用 Tag 对象的.parents 属性可以获得从父节点到根节点的所有节点。

下面是标签的父节点：

```
>>> p = soup.p
>>> print(p.parent.name)
Body
```

下面是内容的父节点：

```
>>> content = soup.head.title.string
>>> print(content)
BigData Software
>>> print(content.parent.name)
title
```

使用 Tag 对象的.parents 属性，得到的也是一个生成器：

```
>>> content = soup.head.title.string
>>> print(content)
BigData Software
>>> for parent in content.parents:
        print(parent.name)
```

上面语句的执行结果如下：

```
title
head
html
[document]
```

5. 兄弟节点

可以使用 Tag 对象的.next_sibling 属性和.previous_sibling 属性分别获取下一个兄弟节点和上一个兄弟节点。需要注意的是，实际文档中 Tag 对象的.next_sibling 属性和.previous_sibling 属性通常是字符串或空白串，因为空白串或者换行符也可以被视作一个节点。示例代码如下：

```
>>> print(soup.p.next_sibling)
# 此处返回空白串
>>> print(soup.p.prev_sibling)
None   # 没有前一个兄弟节点，返回 None
>>> print(soup.p.next_sibling.next_sibling)
```

上面这个语句的返回结果如下：

```
<p class="bigdata">There are three famous bigdata softwares; and their names are
<a class="software" href="http://example.com/hadoop" id="link1">Hadoop</a>,
<a class="software" href="http://example.com/spark" id="link2">Spark</a> and
<a class="software" href="http://example.com/flink" id="link3">Flink</a>;
and they are widely used in real applications.</p>
```

6. 全部兄弟节点

可以使用 Tag 对象的.next_siblings 属性和.previous_siblings 属性对当前的兄弟节点迭代输出。

示例代码如下：

```
>>> for next in soup.a.next_siblings:
        print(repr(next))
```

执行结果如下：

```
',\n'
<a class="software" href="http://example.com/spark" id="link2">Spark</a>
' and\n'
<a class="software" href="http://example.com/flink" id="link3">Flink</a>
';\nand they are widely used in real applications.'
```

7. 前后节点

Tag 对象的.next_element 属性和.previous_element 属性用于获得不分层次的前后元素。示例代码如下：

```
>>> print(soup.head.next_element)
<title>BigData Software</title>
```

8. 所有前后节点

使用 Tag 对象的.next_elements 属性和.previous_elements 属性可以向前或向后解析文档内容。示例代码如下：

```
>>> for element in soup.a.next_elements:
        print(repr(element))
```

执行结果如下：

```
'Hadoop'
',\n'
<a class="software" href="http://example.com/spark" id="link2">Spark</a>
'Spark'
' and\n'
<a class="software" href="http://example.com/flink" id="link3">Flink</a>
'Flink'
';\nand they are widely used in real applications.'
'\n'
<p class="bigdata">...</p>
'...'

'\n'
```

3.5.4　搜索文档树

搜索文档树是通过指定标签名来搜索元素，另外还可以通过指定标签的属性值来精确定位某个节点元素。最常用的两个方法就是 find()和 find_all()，这两个方法在 BeatifulSoup 对象和 Tag 对象上都可以被调用。

1. find_all()

find_all()方法用于搜索当前 Tag 对象的所有子节点，并判断是否符合过滤器的条件。它的函数原型如下：

```
find_all( name , attrs , recursive , text , **kwargs )
```

find_all()的返回值是一个 Tag 对象列表，方法调用非常灵活，所有的参数都是可选的。

（1）name 参数

name 参数用于查找所有名字为 name 的 Tag 对象，字符串对象会被自动忽略掉。

① 入字符串

查找所有名字为 a 的 Tag 对象，代码如下：

```
>>> print(soup.find_all('a'))
[<a class="software" href="http://example.com/hadoop" id="link1">Hadoop</a>, <a
class="software" href="http://example.com/spark" id="link2">Spark</a>, <a
class="software" href="http://example.com/flink" id="link3">Flink</a>]
```

② 传入正则表达式

如果传入正则表达式作为参数，BeautifulSoup 会通过正则表达式的 match()来匹配内容。下面的代码要找出所有以 b 开头的标签，这表示 body 标签和 b 标签都应该被找到：

```
>>> import re
>>> for tag in soup.find_all(re.compile("^b")):
        print(tag)
```

执行结果如下：

```
<body><p class="title"><b>BigData Software</b></p>
<p class="bigdata">There are three famous bigdata softwares; and their names are
<a class="software" href="http://example.com/hadoop" id="link1">Hadoop</a>,
<a class="software" href="http://example.com/spark" id="link2">Spark</a> and
<a class="software" href="http://example.com/flink" id="link3">Flink</a>;
and they are widely used in real applications.</p>
<p class="bigdata">...</p>
</body>
<b>BigData Software</b>
```

③ 传入列表

如果传入的参数是列表，BeautifulSoup 会将与列表中任一元素匹配的内容返回。下面的代码要找到文档中所有 a 标签和 b 标签：

```
>>> print(soup.find_all(["a", "b"]))
[<b>BigData Software</b>, <a class="software" href="http://example.com/hadoop"
id="link1">Hadoop</a>, <a class="software" href="http://example.com/spark"
id="link2">Spark</a>, <a class="software" href="http://example.com/flink"
id="link3">Flink</a>]
```

④ 传入 True

传入 True 可以找到所有的标签。下面的代码在文档树中查找所有包含 id 属性的标签，无论 id 的值是什么：

```
>>> print(soup.find_all(id=True))
[<a class="software" href="http://example.com/hadoop" id="link1">Hadoop</a>, <a
class="software" href="http://example.com/spark" id="link2">Spark</a>, <a
class="software" href="http://example.com/flink" id="link3">Flink</a>]
```

65

⑤ 传入方法

如果没有合适的过滤器，那么还可以定义一个方法。方法只接受一个元素参数，如果这个方法返回 True，表示当前元素匹配并且标签被找到，否则返回 False。下面的方法对当前元素进行校验，如果其包含 class 属性却不包含 id 属性，那么将返回 True：

```
>>> def has_class_but_no_id(tag):
        return tag.has_attr('class') and not tag.has_attr('id')
```

将这个方法作为参数传入 find_all()方法，将得到所有 p 标签：

```
>>> print(soup.find_all(has_class_but_no_id))
[<p class="title"><b>BigData Software</b></p>, <p class="bigdata">There are three
famous bigdata softwares; and their names are
<a class="software" href="http://example.com/hadoop" id="link1">Hadoop</a>,
<a class="software" href="http://example.com/spark" id="link2">Spark</a> and
<a class="software" href="http://example.com/flink" id="link3">Flink</a>;
and they are widely used in real applications.</p>, <p class="bigdata">...</p>]
```

（2）keyword 参数

通过 name 参数可搜索标签名称，如 a、head、title 等。如果要通过标签内属性的值来搜索，则要通过键值对的形式来指定，实例如下：

```
>>> import re
>>> print(soup.find_all(id='link2'))
[<a class="software" href="http://example.com/spark" id="link2">Spark</a>]
>>> print(soup.find_all(href=re.compile("spark")))
[<a class="software" href="http://example.com/spark" id="link2">Spark</a>]
```

使用多个 keyword 参数可以同时过滤 Tag 对象的多个属性：

```
>>> soup.find_all(href=re.compile("hadoop"), id='link1')
[<a class="software" href="http://example.com/hadoop" id="link1">Hadoop</a>]
```

如果指定的 key 是 Python 的关键词，则后面需要加下画线：

```
>>> print(soup.find_all(class_="software"))
[<a class="software" href="http://example.com/hadoop" id="link1">Hadoop</a>, <a
class="software" href="http://example.com/spark" id="link2">Spark</a>, <a
class="software" href="http://example.com/flink" id="link3">Flink</a>]
```

（3）text 参数

text 参数的作用和 name 参数类似，但是 text 参数的搜索范围是文档中的字符串内容（不包含注释），并要求完全匹配，当然也接受正则表达式、列表、True。实例如下：

```
>>> import re
>>> print(soup.a)
<a class="software" href="http://example.com/hadoop" id="link1">Hadoop</a>
>>> print(soup.find_all(text="Hadoop"))
['Hadoop']
>>> print(soup.find_all(text=["Hadoop", "Spark", "Flink"]))
['Hadoop', 'Spark', 'Flink']
>>> print(soup.find_all(text="bigdata"))
```

```
[]
>>> print(soup.find_all(text="BigData Software"))
['BigData Software', 'BigData Software']
>>> print(soup.find_all(text=re.compile("bigdata")))
['There are three famous bigdata softwares; and their names are\n']
```

（4）limit 参数

可以通过 limit 参数来限制使用 name 属性或者 attrs 属性过滤出来的条目的数量。实例如下：

```
>>> print(soup.find_all("a"))
[<a class="software" href="http://example.com/hadoop" id="link1">Hadoop</a>, <a
class="software" href="http://example.com/spark" id="link2">Spark</a>, <a
class="software" href="http://example.com/flink" id="link3">Flink</a>]
>>> print(soup.find_all("a",limit=2))
[<a class="software" href="http://example.com/hadoop" id="link1">Hadoop</a>, <a
class="software" href="http://example.com/spark" id="link2">Spark</a>]
```

（5）recursive 参数

调用 Tag 对象的 find_all()方法时，BeautifulSoup 会检索当前 Tag 对象的所有子孙节点，如果只想搜索 Tag 对象的直接子节点，可以使用参数 recursive=False。实例如下：

```
>>> print(soup.body.find_all("a",recursive=False))
[]
```

在这个例子中，a 标签都是在 p 标签内的，所以在 body 的直接子节点下搜索 a 标签是无法匹配到 a 标签的。

2．find()

find()与 find_all()的区别是，find_all()将所有匹配的条目组合成一个列表，而 find()仅返回第一个匹配的条目。除此以外，二者的用法相同。

3.5.5　CSS 选择器

BeautifulSoup 支持大部分的 CSS 选择器，在 Tag 对象或 BeautifulSoup 对象的 select()方法中传入字符串参数，即可使用 CSS 选择器的语法找到标签。

（1）通过标签名查找

```
>>> print(soup.select('title'))
[<title>BigData Software</title>]
>>> print(soup.select('a'))
[<a class="software" href="http://example.com/hadoop" id="link1">Hadoop</a>, <a
class="software" href="http://example.com/spark" id="link2">Spark</a>, <a
class="software" href="http://example.com/flink" id="link3">Flink</a>]
>>> print(soup.select('b'))
[<b>BigData Software</b>]
```

（2）通过类名查找

```
>>> print(soup.select('.software'))
[<a class="software" href="http://example.com/hadoop" id="link1">Hadoop</a>, <a
class="software" href="http://example.com/spark" id="link2">Spark</a>, <a
class="software" href="http://example.com/flink" id="link3">Flink</a>]
```

（3）通过 id 名查找

```
>>> print(soup.select('#link1'))
[<a class="software" href="http://example.com/hadoop" id="link1">Hadoop</a>]
```

（4）组合查找

```
>>> print(soup.select('p #link1'))
[<a class="software" href="http://example.com/hadoop" id="link1">Hadoop</a>]
>>> print(soup.select("head > title"))
[<title>BigData Software</title>]
>>> print(soup.select("p > a:nth-of-type(1)"))
[<a class="software" href="http://example.com/hadoop" id="link1">Hadoop</a>]
>>> print(soup.select("p > a:nth-of-type(2)"))
[<a class="software" href="http://example.com/spark" id="link2">Spark</a>]
>>> print(soup.select("p > a:nth-of-type(3)"))
[<a class="software" href="http://example.com/flink" id="link3">Flink</a>]
```

在上面的语句中，"p > a:nth-of-type（2）"的含义是，p 元素是某个父元素的子元素，选择子元素 p，且子元素 p 必须是其父元素下的第二个 p 元素。

（5）属性查找

查找时还可以加入属性。属性需要用方括号括起来，注意，属性和标签属于同一节点，所以中间不能加空格，否则无法匹配到。

```
>>> print(soup.select('a[class="software"]'))
[<a class="software" href="http://example.com/hadoop" id="link1">Hadoop</a>, <a
class="software" href="http://example.com/spark" id="link2">Spark</a>, <a
class="software" href="http://example.com/flink" id="link3">Flink</a>]
>>> print(soup.select('a[href="http://example.com/hadoop"]'))
[<a class="software" href="http://example.com/hadoop" id="link1">Hadoop</a>]
>>> print(soup.select('p a[href="http://example.com/hadoop"]'))
[<a class="software" href="http://example.com/hadoop" id="link1">Hadoop</a>]
```

以上的 select()方法返回的结果都是列表形式，也可以以遍历的形式输出，然后用 get_text()方法来获取它的内容。实例如下：

```
>>> print(type(soup.select('title')))
<class 'bs4.element.ResultSet'>
>>> print(soup.select('title')[0].get_text())
BigData Software
>>> for title in soup.select('title'):
        print(title.get_text())
```

上面语句的执行结果如下：

```
BigData Software
```

3.6　综合实例

为了帮助读者深化对前面知识的理解，这里给出 2 个综合实例：采集网页数据保存到文本文件和采集网页数据保存到 MySQL 数据库。

3.6.1　实例 1：采集网页数据保存到文本文件

访问古诗文网站（https://so.gushiwen.org/mingju/），看到图 3-5 所示的页面，页面上列出了很多名句。单击某一个名句（如"山有木兮木有枝，心悦君兮君不知"），就会出现完整的古诗，如图 3-6 所示。

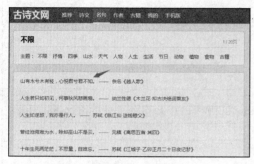

图 3-5　名句页面

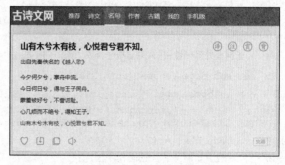

图 3-6　完整古诗页面

下面编写网络爬虫程序，爬取名句页面的内容，保存到一个文本文件中；然后，再爬取每个名句的完整古诗页面，把完整古诗保存到一个文本文件中。打开一个浏览器，访问要爬取的网页，然后在浏览器中查看网页源代码，找到诗句内容所在的位置，总结出它们共同的特征，就可以将它们全部提取出来了。具体实现代码如下：

```
01  # parse_poem.py
02  import requests
03  from bs4 import BeautifulSoup
04  import time
05
06  # 函数 1:请求网页
07  def page_request(url,ua):
08      response = requests.get(url,headers = ua)
09      html = response.content.decode('utf-8')
10      return html
11
12  # 函数 2:解析网页
13  def page_parse(html):
14      soup = BeautifulSoup(html,'lxml')
15      title = soup('title')
16      sentence = soup.select('div.left > div.sons > div.cont > a:nth-of-type(1)')
17      poet = soup.select('div.left > div.sons > div.cont > a:nth-of-type(2)')
18      sentence_list=[]
19      href_list=[]
20      for i in range(len(sentence)):
21          temp = sentence[i].get_text()+ "---"+poet[i].get_text()
22          sentence_list.append(temp)
```

```
23                href = sentence[i].get('href')
24                href_list.append("https://so.gushiwen.org"+href)
25            return [href_list,sentence_list]
26
27  # 函数3:写入文本文件
28  def save_txt(info_list):
29      import json
30      with open(r'C:\\sentence.txt','a',encoding='utf-8') as txt_file:
31          for element in info_list[1]:
32              txt_file.write(json.dumps(element,ensure_ascii=False)+'\n\n')
33
34  # 子网页处理函数:进入并解析子网页/请求子网页
35  def sub_page_request(info_list):
36      subpage_urls = info_list[0]
37      ua = {'User-Agent':'Mozilla/5.0 (Windows NT 6.1; WOW64) AppleWebKit/537.36
(KHTML, like Gecko) Chrome/46.0.2490.86 Safari/537.36'}
38      sub_html = []
39      for url in subpage_urls:
40          html = page_request(url,ua)
41          sub_html.append(html)
42      return sub_html
43
44  # 子网页处理函数:解析子网页,爬取诗句内容
45  def sub_page_parse(sub_html):
46      poem_list=[]
47      for html in sub_html:
48          soup = BeautifulSoup(html,' lxml ')
49          poem = soup.select('div.left > div.sons > div.cont > div.contson')
50          poem = poem[0].get_text()
51          poem_list.append(poem.strip())
52      return poem_list
53
54  # 子网页处理函数:保存诗句到txt
55  def sub_page_save(poem_list):
56      import json
57      with open(r'C:\\poems.txt','a',encoding='utf-8') as txt_file:
58          for element in poem_list:
59              txt_file.write(json.dumps(element,ensure_ascii=False)+'\n\n')
60
61  if __name__ == '__main__':
62      print("***************开始爬取古诗文网*******************")
63      ua = {'User-Agent':'Mozilla/5.0 (Windows NT 6.1; WOW64) AppleWebKit/537.36
(KHTML, like Gecko) Chrome/46.0.2490.86 Safari/537.36'}
64      for i in range(1,4):
65          url = 'https://so.gushiwen.org/mingju/default.aspx?p=%d&c=&t='%(i)
66          time.sleep(1)
67          html = page_request(url,ua)
```

```
68              info_list = page_parse(html)
69              save_txt(info_list)
70              # 处理子网页
71              print("开始解析第%d"%(i)+"页")
72              # 开始解析名句子网页
73              sub_html = sub_page_request(info_list)
74              poem_list = sub_page_parse(sub_html)
75              sub_page_save(poem_list)
76
77      print("*****************爬取完成*******************")
78      print("共爬取%d"%(i*50)+"个古诗词名句,保存在如下路径:C:\\sentence.txt")
79      print("共爬取%d"%(i*50)+"个古诗词,保存在如下路径:C:\\poem.txt")
```

3.6.2　实例 2：采集网页数据保存到 MySQL 数据库

由于很多网站设计了反爬机制，会导致爬取网页失败，因此，这里直接采集一个本地网页文件 web_demo.html，它记录了不同关键词的搜索次数排名。其内容如下：

```
<html>
<head><title>搜索指数</title></head>
<body>
<table>
<tr><td>排名</td><td>关键词</td><td>搜索指数</td></tr>
<tr><td>1</td><td>大数据</td><td>187767</td></tr>
<tr><td>2</td><td>云计算</td><td>178856</td></tr>
<tr><td>3</td><td>物联网</td><td>122376</td></tr>
</table>
</body>
</html>
```

参照第 2 章的内容，在 Windows 操作系统中启动 MySQL 服务进程，打开 MySQL 命令行窗口，执行如下 SQL 语句创建数据库和表：

```
mysql > CREATE DATABASE webdb;
mysql > USE webdb;
mysql > CREATE TABLE search_index
mysql > create table search_index(
    -> id int,
    -> keyword char(20),
    -> number int);
```

编写网络爬虫程序，读取网页内容进行解析，并把解析后的数据保存到 MySQL 数据库中，具体代码如下：

```
01  # html_to_mysql.py
02  import requests
03  from bs4 import BeautifulSoup
04
```

```
05   # 读取本地 HTML 文档
06   def get_html():
07       path = 'C:/web_demo.html'
08       htmlfile= open(path,'r')
09       html = htmlfile.read()
10       return html
11
12   # 解析 HTML 文档
13   def parse_html(html):
14       soup = BeautifulSoup(html,'html.parser')
15       all_tr=soup.find_all('tr')[1:]
16       all_tr_list = []
17       info_list = []
18       for i in range(len(all_tr)):
19           all_tr_list.append(all_tr[i])
20       for element in all_tr_list:
21           all_td=element.find_all('td')
22           all_td_list = []
23           for j in range(len(all_td)):
24               all_td_list.append(all_td[j].string)
25           info_list.append(all_td_list)
26       return info_list
27
28   # 保存数据库
29   def save_mysql(info_list):
30       import pymysql.cursors
31       # 连接数据库
32       connect = pymysql.Connect(
33           host='localhost',
34           port=3306,
35           user='root',  # 数据库用户名
36           passwd='123456',  # 密码
37           db='webdb',
38           charset='utf8'
39       )
40
41       # 获取游标
42       cursor = connect.cursor()
43
44       # 插入数据
45       for item in info_list:
46           id = int(item[0])
47           keyword = item[1]
48           number = int(item[2])
49           sql = "INSERT INTO search_index(id,keyword,number) VALUES ('%d', '%s', %d)"
50           data = (id,keyword,number)
51           cursor.execute(sql % data)
```

```
52              connect.commit()
53          print('成功插入数据')
54
55          # 关闭数据库连接
56          connect.close()
57
58  if __name__ =='__main__':
59          html = get_html()
60          info_list = parse_html(html)
61          save_mysql(info_list)
```

执行代码文件，然后到 MySQL 命令行窗口中执行如下 SQL 语句查看数据：

```
mysql> select * from search_index;
```

可以看到，有 3 条数据被成功插入了数据库。

3.7　Scrapy 框架

网络爬虫框架是一些爬虫项目的半成品，它已经将一些爬虫常用的功能写好，然后留下了一些接口。不同的爬虫项目调用适合自己的接口，再编写少量代码，就可以实现需要的功能。因为网络爬虫框架中已经实现了爬虫常用的功能，所以它为开发人员节省了很多时间和精力。常用的网络爬虫框架包括 Scrapy、Crawley、PySpider 等，这里简要介绍 Scrapy 框架。在使用 Scrapy 框架编写网络爬虫程序时，常常会使用到 XPath 语言，因此，本节也会介绍 XPath 语言的相关知识。

3.7.1　Scrapy 框架概述

Scrapy 是一套基于 Twisted 的异步处理框架，是纯 Python 实现的网络爬虫框架，用户只需要定制开发几个模块，就可以轻松地实现一个爬虫，用来抓取网页内容或者各种图片。Scrapy 运行于 Linux/Windows/macOS 等多种环境，具有速度快、扩展性强、使用简便等特点。即便是新手，也能迅速学会使用 Scrapy 编写所需要的网络爬虫程序。Scrapy 可以在本地运行，也能部署到云端实现真正的生产级数据采集系统。Scrapy 用途广泛，可以用于数据挖掘、监测和自动化测试。Scrapy 最吸引人的地方在于它是一个框架，任何人都可以根据需求对它进行修改。当然，Scrapy 只是 Python 的一个主流网络爬虫框架，除了 Scrapy 外，还有其他基于 Python 的网络爬虫框架，包括 Crawley、Portia、Newspaper、Python-goose、BeautifulSoup、Mechanize、Selenium 和 Cola 等。

1. Scrapy 体系架构

Scrapy 官网示意图如图 3-7 所示。Scrapy 体系架构包括以下组成部分。

（1）Scrapy 引擎（Engine）。Scrapy 引擎相当于一个中枢站，负责调度器、项目管道、下载器和爬虫四个组件之间的通信。例如，将接收到的爬虫发来的 URL 发送给调度器，将爬虫的存储请求发送给项目管道。调度器发送的请求会被 Scrapy 引擎提交到下载器进行处理，而下载器处理完成后会发送响应给 Scrapy 引擎，Scrapy 引擎将其发送至爬虫进行处理。

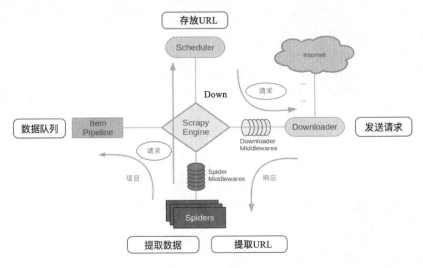

图 3-7　Scrapy 官网示意图

（2）爬虫（Spiders）。爬虫相当于一个解析器，负责接收 Scrapy 引擎发送过来的响应，对其进行解析，开发人员可以在其内部编写解析规则。解析好后可以发送存储请求给 Scrapy 引擎。爬虫解析出的新的 URL 后，可以向 Scrapy 引擎发送。注意，入口 URL 也存储在爬虫中。

（3）下载器（Downloader）。下载器用于下载搜索引擎发送的所有请求，并将网页内容返回给爬虫。下载器建立在 Twisted 这个高效的异步模型之上。

（4）调度器（Scheduler）。调度器可以理解成一个队列，存储 Scrapy 引擎发送过来的 URL，并按顺序取出 URL 发送给 Scrapy 引擎进行请求操作。

（5）项目管道（Item Pipeline）。项目管道是保存数据用的，它负责处理爬虫获取的项目，并进行处理，包括去重、持久化存储（如存数据库或写入文件）等。

（6）下载器中间件（Downloader Middlewares）。下载器中间件是位于 Scrapy 引擎和下载器之间的框架，主要用于处理 Scrapy 引擎与下载器之间的请求及响应，类似于自定义扩展下载功能的组件。

（7）爬虫中间件（Spider Middlewares）。爬虫中间件是介于 Scrapy 引擎和爬虫之间的框架，主要工作是处理爬虫的响应输入和请求输出。

（8）调度器中间件（Scheduler Middlewares）。调度器中间件是介于 Scrapy 引擎和调度器之间的中间件，用于处理从 Scrapy 引擎发送到调度器的请求和响应，可以自定义扩展和操作搜索引擎与爬虫中间"通信"的功能组件（如进入爬虫的请求和从爬虫出去的请求）。

2．Scrapy 工作流

Scrapy 工作流也叫作"运行流程"或 "数据处理流程"，由 Scrapy 引擎控制。其主要的运行步骤如下。

（1）Scrapy 引擎从调度器中取出一个 URL 用于接下来的抓取。

（2）Scrapy 引擎把 URL 封装成一个请求并传给下载器。

（3）下载器把资源下载下来，并封装成应答包。

（4）爬虫解析应答包。

（5）如果解析出的是项目，则交给项目管道进行进一步的处理。

（6）如果解析出的是 URL，则把 URL 交给调度器等待抓取。

3.7.2　XPath 语言

XPath（XML Path）是一门在 XML 文档和 HTML 文档中查找信息的语言，可用来在 XML 文档和 HTML 文档中对元素和属性进行遍历。简单来说，网页数据是以超文本的形式来呈现的，想要获取这些数据，就要按照一定的规则来进行数据的处理，这种规则就叫作 XPath。XPath 提供了超过 100 个内建函数，几乎所有要定位的节点都可以用 XPath 来定位，在做网络爬虫时可以使用 XPath 提取所需的信息。

1．基本术语

XML 文档通常可以被看作一棵节点树。XML 文档中有元素、属性、文本、命名空间、处理指令、注释及文档等七种类型的节点，其中，元素节点是最常用的节点。下面是一个 HTML 文档中的代码：

```
<html>
    <head><title>BigData Software</title></head>
    <p class="title"><b>BigData Software</b></p>
    <p class="bigdata">There are three famous bigdata software;and their names are
        <a href="http://example.com/hadoop" class="hadoop" id="link1">Hadoop</a>,
        <a href="http://example.com/spark" class="spark" id="link2">Spark</a>and
        <a href="http://example.com/flink" class="flink" id="link3"><!--Flink--></a>;
        and they are widely used in real application.</p>
    <p class="bigdata">...</p>
</html>
```

上面的 HTML 文档中，<html>是文档节点，<title>BigData Software</title>是元素节点，class="title"是属性节点。节点之间存在下面几种关系。

（1）父节点。每个元素节点和属性节点都有一个父节点。例如，html 节点是 head 节点和 p 节点的父节点；head 节点是 title 节点的父节点；第二个 p 节点是中间三个 a 节点的父节点。

（2）子节点。每一个元素节点的下一个直接节点是该元素节点的子节点。每个元素节点可以有零个、一个或多个子节点。例如，title 节点是 head 节点的子节点。

（3）兄弟节点。拥有相同父节点的节点，就是兄弟节点。例如，第二个 p 节点中的三个 a 节点就是兄弟节点；head 节点和中间三个 p 节点也是兄弟节点；title 节点和 a 节点就不是兄弟节点，因为父节点不同。

（4）祖先节点。节点的父节点及父节点的父节点等，称作祖先节点。例如，html 节点和 head 节点是 title 节点的祖先节点。

（5）后代节点。节点的子节点及子节点的子节点等，称作后代节点。例如，html 节点的后代节点有 head 节点、title 节点、b 节点、p 节点以及 a 节点。

2．基本语法

XML/HTML 文档是由标签构成的，标签之间都有很强的层级关系。基于这种层级关系，XPath 语法能够准确定位我们所需要的信息。XPath 使用路径表达式来选取 XML/HTML 文档中的节点，这个路径表达式和普通计算机文件系统中的路径表达式非常相似。在 XPath 语法中，我们直接使用路径来选取节点，再加上适当的谓语或函数进行指定，就可以准确定位到节点。

（1）节点选取

XPath 选取节点时是沿着路径到达目标的。表 3-3 列出了常用的路径表达式。

表 3-3 　　　　　　　　　　　　　　　　　常用的路径表达式

路径表达式	描述
nodename	选取 nodename 节点的所有子节点
/	从根节点开始选取
//	从当前文档选取所有匹配的节点，而不考虑它们的位置
@	选取属性
.	选取当前节点
..	选取当前节点的父节点

"/" 可以理解为绝对路径，从根节点开始；"./" 是相对路径，可以从当前节点开始；"../" 则是先返回上一节点，从上一节点开始。这与普通计算机的文件系统类似。下面给出测试这些路径表达式的简单实例，这里需要用到 lxml 库中的 etree 模块，因此先执行如下命令安装 lxml 库：

```
> pip install lxml
```

下面是实例代码：

```
>>> html_text ="""
<html>
  <body>
    <head><title>BigData Software</title></head>
    <p class="title"><b>BigData Software</b></p>
    <p class="bigdata">There are three famous bigdata software;and their names are
      <a href="http://example.com/hadoop" class="bigdata Hadoop"
id="link1">Hadoop</a>,
      <a href="http://example.com/spark" class="bigdata Spark" id="link2">Spark
</a>and
      <a href="http://example.com/flink" class="bigdata Flink" id="link3"><!--Flink-->
</a>;
          and they are widely used in real application.</p>
    <p class="bigdata">others</p>
    <p>…</p>
    </body>
</html>
"""
>>> from lxml import etree
>>> html = etree.HTML(html_text)
>>> html_data = html.xpath('body')
>>> print(html_data)
[<Element body at 0x1608dda2d80>]
```

可以看出，html.xpath('body') 的输出结果不是 HTML 文档里显示的标签。其实这就是我们所要的元素，只不过我们还需要再进行一步操作，也就是使用 etree 模块中的 .tostring() 方法对其进行转换。此外，html.xpath('body') 的输出结果是一个列表，因此，我们可以使用 for 循环来遍历列表，具体代码如下：

```
>>> for element in html_data:
        print(etree.tostring(element))
```

由于输出结果比较繁杂，这里没有给出，但是观察结果可以发现，它是标签<body>中的子节点。

"//"表示全局搜索，例如，"//p"可以将所有的 p 标签搜索出来。"/"表示在某标签下进行搜索，只能搜索子节点，不能搜索子节点的子节点。简单来说，"//"可以进行跳级搜索，"/"只能在本级上进行搜索，不能跳跃。下面是具体实例：

① 逐级搜索

```
>>> html_data = html.xpath('/html/body/p/a')
>>> for element in html_data:
            print(etree.tostring(element))
```

② 跳级搜索

```
>>> html_data = html.xpath('//a')
>>> for element in html_data:
            print(etree.tostring(element))
```

上面两段代码的执行结果相同，具体结果如下：

```
b'<a href="http://example.com/hadoop" class="bigdata Hadoop" id="link1">Hadoop</a>,\n '
b'<a href="http://example.com/spark" class="bigdata Spark" id="link2">Spark</a>and\n '
b'<a href="http://example.com/flink" class="bigdata Flink" id="link3"><!--Flink-->
</a>;\n and they are widely used in real application.'
```

在方括号内添加"@"，将标签属性填进去，就可以准确地将含有该标签属性的部分提取出来。示例代码如下：

```
>>> html_data = html.xpath('//p/a[@class="bigdata Spark"]')
>>> for element in html_data:
            print(etree.tostring(element))
```

上面代码的执行结果如下：

```
b'<a href="http://example.com/spark" class="bigdata Spark" id="link2">Spark</a>and\n '
```

（2）谓语

直接使用前面介绍的方法可以定位到多数我们需要的节点，但是有时候我们需要查找某个特定的节点或者包含某个指定值的节点，这时就要用到谓语。谓语是被嵌在方括号中的。表 3-4 列出了一些带有谓语的路径表达式。

表 3-4　　　　　　　　　　带有谓语的路径表达式

路径表达式	描述
//body/p[k]	选取所有 body 下第 k 个 p 标签（k 取值从 1 开始）
//body/p[last()]	选取所有 body 下最后一个 p 标签
//body/p[last() - 1]	选取所有 body 下倒数第二个 p 标签
//body/p[position()<3]	选取所有 body 下的前两个 p 标签
//body/p[@class]	选取所有 body 下带有 class 属性的 p 标签
//body/p[@class="bigdata"]	选取所有 body 下 class 为 bigdata 的 p 标签

下面演示表 3-4 中的最后一个路径表达式，选取所有 body 下 class 为 bigdata 的 p 标签，代码如下：

```
>>> html_data = html.xpath('//body/p[@class="bigdata"]')
>>> for element in html_data:
        print(etree.tostring(element))
```

上面代码执行结果如下：

```
b'<p class="bigdata">There are three famous bigdata software;and their names are\n
    <ahref="http://example.com/hadoop"class="bigdataHadoop"
id="link1">Hadoop</a>,\n
    <a href="http://example.com/spark" class="bigdata Spark" id="link2">Spark</a>
and\n
    <a href="http://example.com/flink" class="bigdata Flink" id="link3"><!--Flink-->
</a>;\n
    and they are widely used in real application.</p>\n '
b'<p class="bigdata">...</p>\n '
```

（3）函数

XPath 提供了超过 100 个内建函数用于字符串值、数值、日期和时间比较序列处理等操作，极大地方便了我们定位获取所需要的信息。表 3-5 列出了 XPath 的常用函数。

表 3-5　　　　　　　　　　　　　　　XPath 的常用函数

函数名	描述	示例	说明
contains()	选取属性或文本，包含某些字符	//p[contains(@class, "bigdata")]	选取所有 class 属性包含 bigdata 的 p 标签
starts-with()	选取属性或文本，以某些字符开头	//a[starts-with (@class, "bigdata")]	选取所有 class 属性以 bigdata 开头的 a 标签
ends-with()	选取属性或文本，以某些字符结尾	//a[ends-with (@class, "Flink")]	选取所有 class 属性以 Flink 结尾的 a 标签
text()	获取元素节点包含的文本内容	//a[contains(@class, "Hadoop")]/text()	获取所有 class 属性包含 Hadoop 的 a 标签中的文本内容

下面是示例代码，获取所有 class 属性包含 bigdata 的 a 标签中的文本内容：

```
>>> html = etree.HTML(html_text)
>>> html_data = html.xpath('//a[contains(@class, "bigdata")]/text()')
>>> print(html_data)
['Hadoop', 'Spark']
```

演示的 HTML 文档中还有一个 a 标签也符合代码的要求，但是因为其文本内容是注释，所以不会被抽取出来显示。

3.7.3　Scrapy 框架应用实例

访问古诗文网（https://so.gushiwen.cn/mingjus/），使用 Scrapy 框架编写爬虫程序，爬取每个名句及其完整古诗内容，并把爬取到的数据分别保存到文本文件和 MySQL 数据库中。本实例需要使用开发工具 PyCharm（Community Edition），请到 PyCharm 官网或本书官网的"下载专区"中下载 PyCharm 安装文件并安装。

本实例包括以下几个步骤。

（1）新建工程。

（2）编写代码文件 items.py。

（3）编写爬虫文件。

（4）编写代码文件 pipelines.py。

（5）编写代码文件 settings.py。

（6）运行程序。

（7）把数据保存到数据库中。

1.　新建工程

在 PyCharm 中新建一个名称为"scrapyProject"的工程。在 scrapyProject 工程底部打开 Terminal 窗口，如图 3-8 所示。在命令提示符后面输入命令"pip install scrapy"，下载 Scrapy 框架所需文件。

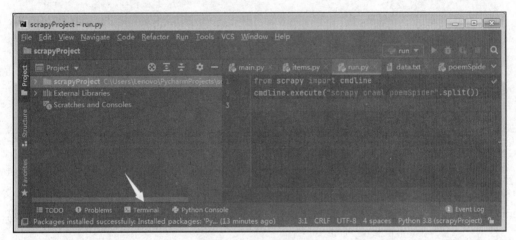

图 3-8　打开 Terminal 窗口

下载完成后，继续输入命令"scrapy startproject poemScrapy"，创建 Scrapy 框架相关目录和文件。创建完成以后的具体目录结构如图 3-9 所示。这些目录和文件都是由 Scrapy 框架自动创建的，不需要手动创建。

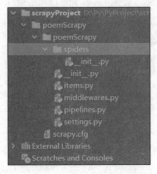

图 3-9　Scrapy 爬虫程序目录结构

在 Scrapy 爬虫程序目录结构中，各个目录和文件的作用如下。

- Spiders：该目录包含爬虫文件，需编码实现爬取过程。
- __init__.py：为 Python 模块初始化目录，可以什么都不写，但是必须要有。
- items.py：模型文件，存放了需要爬取的字段。
- middlewares.py：中间件（爬虫中间件、下载器中间件）。本例中不用此文件。
- pipelines.py：管道文件，用于配置数据持久化，如写入数据库。
- settings.py：爬虫配置文件。
- scrapy.cfg：项目基础设置文件，设置爬虫启用功能等。本例中不用此文件。

2. 编写代码文件 items.py

在 items.py 中定义字段用于保存数据。items.py 的具体代码内容如下：

```
import scrapy

class PoemscrapyItem(scrapy.Item):
    # 名句
    sentence = scrapy.Field()
    # 出处
    source = scrapy.Field()
    # 全文链接
    url = scrapy.Field()
    # 名句详细信息
    content = scrapy.Field()
```

3. 编写爬虫文件

在 Terminal 窗口中输入命令 "cd poemScrapy"，进入对应的爬虫工程；再输入命令 "scrapy genspider poemSpider gushiwen.cn"，这时，在 spiders 目录下会出现一个新的 Python 文件 poemSpider.py，该文件就是我们要编写爬虫程序的位置。下面是 poemSpider.py 中的具体代码：

```
import scrapy
from scrapy import Request
from ..items import PoemscrapyItem

class PoemspiderSpider(scrapy.Spider):
    name = 'poemSpider'   # 用于区别不同的爬虫
    allowed_domains = ['gushiwen.cn']   # 允许访问的域
    start_urls = ['http://so.gushiwen.cn/mingjus/']   # 爬取的地址

    def parse(self, response):
        # 先获取每个名句的div
        for box in response.xpath('//*[@id="html"]/body/div[2]/div[1]/div[2]/div'):
            # 获取每个名句的链接
            url = 'https://so.gushiwen.cn' + box.xpath('.//@href').get()
            # 获取每个名句的内容
            sentence = box.xpath('.//a[1]/text()').get()
            # 获取每个名句的出处
            source = box.xpath('.//a[2]/text()').get()
```

```
        # 实例化容器
        item = PoemscrapyItem()
        # 将收集到的信息封装起来
        item['url'] = url
        item['sentence'] = sentence
        item['source'] = source
        # 处理子页
        yieldscrapy.Request(url=url,meta={'item':item},
        callback=self.parse_detail)
    # 翻页
    next = response.xpath('//a[@class="amore"]/@href'). get()
    if next is not None:
        next_url = 'https://so.gushiwen.cn' + next
        # 处理下一页内容
        yield Request(next_url)

def parse_detail(self, response):
    # 获取名句的详细信息
    item = response.meta['item']
    content_list = response.xpath('//div[@class="contson"]//text()').getall()
    content = "".join(content_list).strip().replace('\n', '').replace('\u3000', '')
    item['content'] = content
    yield item
```

在上面的代码中，response.xpath()返回的是 scrapy.selector.unified.SelectorList 对象，例如，response.xpath('//div[@class="contson"]//text()')返回的部分结果如下：

```
[<Selector xpath='//div[@class="contson"]//text()' data='\n 日日望乡国,空歌白苎词。'>, <Selec
tor xpath='//div[@class="contson"]//text()' data='长因送人处,忆得别家时。'>, <Selector
xpath='//div[@class="contson"]//text()' data='失意还独语,多愁只自知。'>, <Selector xpath=
'//div[@class="contson"]//text()' data='客亭门外柳,折尽向南枝。\n'>]
```

这时，response.xpath('//div[@class="contson"]//text()').get()返回的结果如下：

```
# 注意,这里会输出一个空行
'日日望乡国,空歌白苎词。'
```

response.xpath('//div[@class="contson"]//text()').getall()返回的结果如下：

```
['\n 日日望乡国,空歌白苎词。', '长因送人处,忆得别家时。', '失意还独语,多愁只自知。', '客亭门外柳,
折尽向南枝。\n']
```

4. 编写代码文件 pipelines.py

我们在成功获取需要的信息后，要对信息进行存储。在 Scrapy 框架中，item 被爬虫收集完后，将会被传递到 pipelines。要将爬取到的数据保存到文本文件中，可以使用如下 pipelines.py 代码：

```
import json

class PoemscrapyPipeline:
    def __init__(self):
```

```
            # 打开文件
            self.file = open('data.txt', 'w', encoding='utf-8')

    def process_item(self, item, spider):
            # 读取 item 中的数据
            line = json.dumps(dict(item), ensure_ascii=False) + '\n'
            # 写入文件
            self.file.write(line)
            return item
```

5. 编写代码文件 settings.py

settings.py 的具体代码内容如下：

```
BOT_NAME = 'poemScrapy'

SPIDER_MODULES = ['poemScrapy.spiders']
NEWSPIDER_MODULE = 'poemScrapy.spiders'

USER_AGENT = 'Mozilla/5.0 (Windows NT 10.0; WOW64) AppleWebKit/537.36 (KHTML, like Gecko)
Chrome/90.0.4421.5 Safari/537.36'

# Obey robots.txt rules
ROBOTSTXT_OBEY = False

# 设置日志打印的等级
LOG_LEVEL = 'WARNING'

ITEM_PIPELINES = {
    'poemScrapy.pipelines.PoemscrapyPipeline': 1,
}
```

其中，更改 USER-AGENT 和 ROBOTSTXT_OBEY 是为了避免访问被拦截或出错；设置 LOG_LEVEL 是为了避免在爬取过程中显示过多的日志信息；设置 ITEM_PIPELINES 是因为本例使用到 pipeline，需要先注册 pipeline，右侧的数字 1 为该 pipeline 的优先级，范围 1～1000，数值越小越优先执行。读者也可以根据实际需求，适当更改 settings.py 的代码内容。

6. 运行程序

运行 Scrapy 爬虫程序的方法有两种。第一种是在 Terminal 窗口中输入命令 "scrapy crawl poemSpider"，然后按 "Enter" 键运行，等待几秒后即可完成数据的爬取。第二种是在 poemScrapy 目录下新建 Python 文件 run.py（run.py 应与 scrapy.cfg 文件在同一层目录下），并输入如下代码：

```
from scrapy import cmdline
cmdline.execute("scrapy crawl poemSpider".split())
```

在 run.py 代码区域单击鼠标右键，在弹出的菜单里单击 "Run"，就可以运行 Scrapy 爬虫程序。运行成功以后，就可以看到生成的数据文件 data.txt，其内容举例如下：

{"url":"https://so.gushiwen.cn/mingju/juv_2f9cf2c444f2.aspx", "sentence":"人道恶盈而好谦。", "source":"《易传·象传上·谦》", "content":"解释：做人之道，最怕自满而最喜谦虚。"}

7. 把数据保存到数据库中

为了把爬取到的数据保存到 MySQL 数据库中，需要首先安装 PyMySQL 模块。

在 PyCharm 开发界面中单击 "File" → "Settings…"，在打开的设置界面中，先单击 "Project scrapyProject"，再单击 "Python Interpreter"，如图 3-10 所示。然后，单击界面底部的 "+"，如图 3-11 所示。

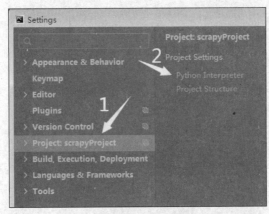

图 3-10　设置界面

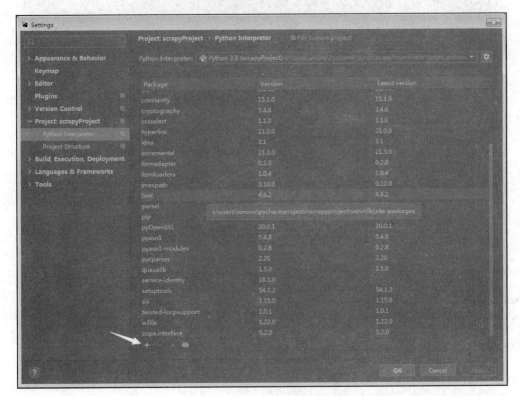

图 3-11　在设置界面中单击 "+"

如图 3-12 所示，在弹出的模块安装界面中，先在搜索框中输入 "pymysql"，然后在搜索到的结果中单击 "PyMySQL" 条目，最后单击界面底部的 "Install Package" 按钮，开始安装模块。如果安装成功，会出现图 3-13 所示的信息。

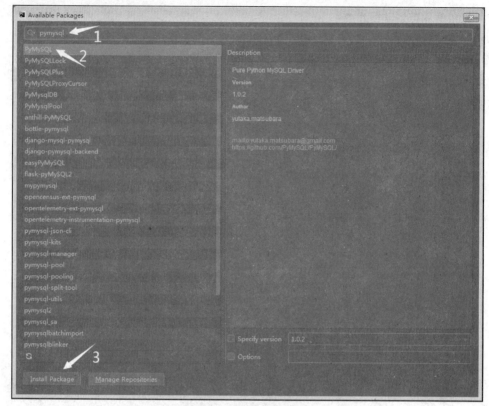

图 3-12 模块安装界面

图 3-13 模块安装成功

在 Windows 操作系统中启动 MySQL 服务进程，然后，打开 MySQL 命令行窗口，执行如下 SQL 语句创建一个名称为"poem"的数据库：

```
CREATE DATABASE poem;
```

在 poem 数据库中创建一个名称为"beautifulsentence"的表，具体 SQL 语句如下：

```
DROP TABLE IF EXISTS 'beautifulsentence';
CREATE TABLE 'beautifulsentence' (
  'source' varchar(255) NOT NULL,
  'sentence' varchar(255) NOT NULL,
  'content' text NOT NULL,
  'url' varchar(255) NOT NULL
) ENGINE=InnoDB DEFAULT CHARSET=utf8;
```

修改 pipelines.py，编写完成以后的 pipelines.py 代码如下：

```
from itemadapter import ItemAdapter
import json
import pymysql
```

```
class PoemscrapyPipeline:
    def __init__(self):
        # 连接 MySQL 数据库
        self.connect = pymysql.connect(
                host='localhost',
                port=3306,
                user='root',
                passwd='123456',  #设置成用户自己的数据库密码
                db='poem',
                charset='utf8'
        )
        self.cursor = self.connect.cursor()

    def process_item(self, item, spider):
        # 写入数据库
        self.cursor.execute('INSERT   INTO   beautifulsentence   (source,sentence,
content,url) VALUES ("{}","{}","{}","{}")'.format(item['source'], item['sentence'],
item['content'], item['url']))
        self.connect.commit()
        return item
    def close_spider(self, spider):
        # 关闭数据库连接
        self.cursor.close()
        self.connect.close()
```

执行 Scrapy 爬虫程序。执行结束以后，如果执行成功，可以到 MySQL 数据库中使用如下命令查看数据：

```
USE poem;
SELECT * FROM beautifulsentence;
```

3.8　本章小结

网络爬虫的功能是下载网页数据，为搜索引擎或需要网络数据的企业提供数据来源。本章介绍了网络爬虫程序的编写方法，主要包括如何请求网页及如何解析网页。在网页请求环节，需要注意的是，一些网站设置了反爬机制，会导致我们爬取网页失败。在网页解析环节，我们可以灵活运用 BeautifulSoup 提供的各种方法获取需要的数据。同时，为了减少程序开发工作量，可以利用包括 Scrapy 在内的网络爬虫框架编写网络爬虫程序。

3.9　习题

1. 什么是网络爬虫？

2. 网络爬虫有哪些类型？

3. 什么是反爬机制？

4. 请阐述用 Python 实现 HTTP 请求的 3 种常见方式。

5. 如何定制 requests？

6. 使用 BeautifulSoup 解析 HTML 文档可以用哪些解析器？各有什么优缺点？

7. Scrapy 体系架构包括哪几个组成部分？每个组成部分的功能是什么？

8. Scrapy 工作流的主要步骤有哪些？

9. 在 XPath 中，节点之间存在哪几种关系？

10. 在 XPath 中，contains() 和 text() 的具体功能分别是什么？

实验 2　网络爬虫初级实践

一、实验目的

（1）理解网络爬虫相关概念及执行流程。

（2）熟练使用 requests 库、bs4 库中的常用方法。

（3）掌握独立编写网络爬虫程序并获取所需信息的能力。

二、实验平台

（1）操作系统：Windows 7 及以上。

（2）Python 版本：3.8.7。

（3）PyCharm 版本：PyCharm Community Edition 2020.2.1。

三、实验内容

1. 显示影片基本信息

访问豆瓣电影 Top250（https://movie.douban.com/top250?start=0），获取每部电影的中文片名、排名、评分及其对应的链接，按照"排名-中文片名-评分-链接"的格式显示在屏幕上。

2. 存储影片详细信息

访问豆瓣电影 Top250（https://movie.douban.com/top250?start=0），在实验内容 1 的基础上，获取每部电影的导演、编剧、主演、类型、上映时间、片长、评分人数及剧情简介等信息，并将获取到的信息保存至本地文件中。

3. 访问热搜榜并发送邮件

访问微博热搜榜（https://s.weibo.com/top/summary），获取微博热搜榜前 50 条热搜名称、链接及其实时热度，并将获取到的数据通过邮件的形式，每 20 秒一次发送到个人邮箱中。

四、实验报告

"数据采集与预处理"课程实验报告

题目：		姓名：		日期：

实验环境：

实验内容与完成情况：

出现的问题：

解决方案（列出遇到的问题和解决办法，列出没有解决的问题）：

第4章
分布式消息系统 Kafka

分布式消息订阅分发系统在数据采集中扮演着重要的角色。Kafka 是由 LinkedIn 公司开发的一种高吞吐量的分布式消息订阅分发系统，用户通过 Kafka 系统可以发布大量的消息，同时也能实时订阅和消费消息。在 Kafka 之前，市场上已经存在 RabbitMQ、Apache ActiveMQ 等传统的消息系统，Kafka 与这些传统的消息系统相比有以下特点。

（1）Kafka 是分布式系统，易于向外扩展。

（2）Kafka 同时为发布和订阅提供高吞吐量。

（3）Kafka 支持多订阅者，当节点失败时能自动平衡消费者。

（4）Kafka 支持将消息持久化到磁盘，因此可用于批量消费，如 ETL 及实时应用程序。

本章首先简要介绍 Kafka，并阐述 Kafka 在大数据生态系统中的作用及 Kafka 与 Flume 的区别与联系；然后介绍 Kafka 的相关概念、Kafka 的安装和使用及如何使用 Python 操作 Kafka；最后介绍 Kafka 与 MySQL 的组合使用。

4.1 Kafka 简介

本节介绍 Kafka 的特性、应用场景和消息传递模式。

4.1.1 Kafka 的特性

Kafka 具有以下良好的特性。

（1）高吞吐量、低延迟。Kafka 每秒可以处理几十万条消息，它的延迟最低只有几毫秒。

（2）可扩展性。Kafka 集群具有良好的可扩展性。

（3）持久性、可靠性。消息被持久化到本地磁盘，并且支持数据备份，防止数据丢失。

（4）容错性。允许集群中节点失败。若副本数量为 N，则允许 N-1 个节点失败。

（5）高并发。支持数千个客户端同时读写。使用消息队列使关键组件能顶住突发的访问压力，不会因为突发的超负荷的请求而完全崩溃。

（6）顺序保证。在大多使用场景下，数据处理的顺序都很重要。大部分消息队列本来就是排序的，并且能保证数据按照特定的顺序被处理。Kafka 保证一个分区内的消息的有序性。

（7）异步通信。很多时候，用户不想也不需要立即处理消息。消息队列提供了异步处理机制，允许用户把一个消息放入队列，但并不立即处理它。用户可以想向队列中放多少消息就放多少消息，然后在需要的时候再去处理它们。

4.1.2　Kafka 的应用场景

Kafka 的主要应用场景如下。

（1）日志收集。一个公司可以用 Kafka 收集各种日。这些日志被 Kafka 收集以后，可以通过 Kafka 的统一接口服务开放给各种消费者，如 Hadoop、HBase、Solr 等。

（2）消息系统。Kafka 可以对生产者和消费者实现解耦，并可以缓存消息。

（3）用户活动跟踪。Kafka 经常被用来记录 Web 用户或者 App 用户的各种活动，如浏览网页、搜索、点击等。这些活动信息被各个服务器发布到 Kafka 的主题（Topic）中，然后订阅者通过订阅这些主题来做实时的监控分析，或者将数据装载到 Hadoop、数据仓库中做离线分析和挖掘。

（4）运营指标。Kafka 也经常被用来记录运营监控数据，包括收集各种分布式应用的数据，记录生产环节各种操作的集中反馈，如报警和报告。

（5）流式处理。Kafka 实时采集的数据可以传递给流计算框架（如 Spark Streaming 和 Storm）进行实时处理。

4.1.3　Kafka 的消息传递模式

消息系统负责将数据从一个应用传递到另一个应用，应用只需关注数据本身，无须关注数据在两个或多个应用间是如何传递的。分布式消息传递基于可靠的消息队列，在客户端应用和消息系统之间异步传递消息。对于消息系统而言，一般有两种主要的消息传递模式：点对点消息传递模式和发布订阅消息传递模式。大部分消息系统选用发布订阅模式，包括 Kafka。

1.　点对点消息传递模式

如图 4-1 所示，在点对点消息传递模式中，消息被持久化到一个队列中。有一个或多个消费者消费队列中的数据，但是一条消息只能被消费一次。在一个消费者消费了队列中的某条数据之后，该条数据被从队列中删除。该模式下，即使有多个消费者同时消费数据，也能保证数据按顺序处理。

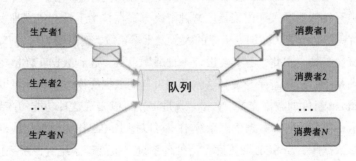

图 4-1　点对点消息传递模式的架构

2.　发布订阅消息传递模式

如图 4-2 所示，在发布订阅消息传递模式中，消息被持久化到一个主题（Topic）中。与点对点消息传递模式不同的是，消费者可以订阅一个或多个主题，消费该主题中所有的数据，而同一条数据可以被多个消费者消费，数据被消费后不会立刻删除。在发布订阅消息传递模式中，消息的生产者称为"发布者"（Publisher），消费者称为"订阅者"（Subscriber）。

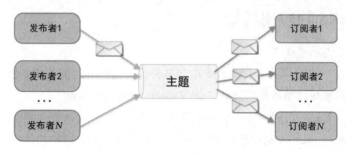

图 4-2 发布订阅消息传递模式的架构

4.2 Kafka 在大数据生态系统中的作用

最近几年，Kafka 在大数据生态系统中发挥着越来越重要的作用，在 Uber、Twitter、Netflix、LinkedIn、Yahoo、Cisco、Goldman Sachs 等公司得到了大量应用。目前，在很多公司的大数据平台中，Kafka 通常扮演数据交换枢纽的角色。

传统的关系数据库一直是企业关键业务系统的首选数据库产品，能够较好地满足企业对数据一致性和高效复杂查询的需求。但是，关系数据库只支持规范的结构化数据存储，无法有效应对各种不同类型的数据，如各种非结构化的日志记录、图结构数据等；面对海量大规模数据也显得"捉襟见肘"。因此，关系数据库无法实现"一种产品满足所有应用场景"。在这样的大背景下，专用的分布式系统纷纷涌现，包括离线批处理系统（如 MapReduce、Spark）、NoSQL 数据库（如 Redis、MongoDB、HBase、Cassandra）、流计算框架（如 Storm、S4、Spark Streaming、Samza）、图计算框架（如 Pregel、Hama）、搜索系统（如 Elasticsearch、Solr）等。这些系统不追求"大而全"，而是专注于满足企业某一方面的业务需求，因此实现了很好的性能。但是，随之而来的问题是如何实现这些专用系统与 Hadoop 系统各个组件之间数据的导入导出。一种朴素的想法是，为各个专用系统单独开发数据导入导出工具。这种解决方案在技术上没有实现难度，但有较高的实现代价，因为每当有一款新的产品加入企业的大数据生态系统，就需要为这款产品开发与 Hadoop 各个组件的数据交换工具。因此，有必要设计一种通用工具，起到数据交换枢纽的作用，其他工具加入大数据生态系统后，只需要开发和这款通用工具的数据交换方案，就可以通过这个交换枢纽轻松实现和 Hadoop 组件的数据交换。Kafka 就是一款可以实现这种功能的产品。

如图 4-3 所示，在企业的大数据生态系统中，可以把 Kafka 作为数据交换枢纽，不同类型的分布式系统（关系数据库、NoSQL 数据库、流处理系统、批处理系统等）统一接入 Kafka，实现和 Hadoop 各个组件之间的不同类型数据的实时高效交换，较好地满足各种企业应用需求。同时，以 Kafka 作为数据交换枢纽，也可以很好地解决不同系统之间的数据生产/消费速率不同的问题。例如，在线上实时数据需要写入 HDFS 的场景中，线上数据不仅生成快，而且具有突发性，如果直接把线上数据写入 HDFS，可能会导致高峰时间 HDFS 写入失败。在这种情况下，就可以先把线上数据写入 Kafka，然后借助于 Kafka 将数据导入 HDFS。

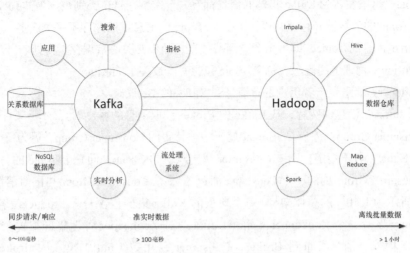

图 4-3　Kafka 作为数据交换枢纽

4.3　Kafka 与 Flume 的区别与联系

Kafka 与 Flume 的很多功能确实是重叠的，二者的联系与区别如下。

（1）Kafka 是一个通用型系统，可以有许多的生产者和消费者分享多个主题。相反地，Flume 被设计成特定用途的系统，只向 HDFS 和 HBase 发送数据。Flume 为了更好地为 HDFS 服务而做了特定的优化，并且与 Hadoop 的安全体系整合在了一起。因此，如果数据需要被多个应用程序消费，推荐使用 Kafka；如果数据只是面向 Hadoop 的，推荐使用 Flume。

（2）Flume 拥有各种配置的数据源（Source）和数据槽（Sink），而 Kafka 拥有的是非常小的生产者和消费者环境体系。如果数据来源已经确定，不需要额外的编码，那么推荐使用 Flume 提供的数据源和数据槽。反之，如果需要准备自己的生产者和消费者，那么就适合使用 Kafka。

（3）Flume 可以在拦截器里面实时处理数据，这个特性对于过滤数据非常有用。Kafka 需要一个外部系统帮助处理数据。

（4）无论是 Kafka 还是 Flume，都可以保证不丢失数据。

（5）Flume 和 Kafka 可以一起工作。Kafka 是分布式消息中间件，自带存储空间，更合适做日志缓存。Flume 数据采集部分做得很好，可用于采集日志，然后把采集到的日志发送到 Kafka 中，再由 Kafka 把数据传送给 Hadoop、Spark 等消费者。

4.4　Kafka 相关概念

Kafka 是一种高吞吐量的分布式消息订阅分发系统。为了更好地理解和使用 Kafka，需要了解 Kafka 的相关概念。

（1）Broker：Kafka 集群包含一个或多个服务器，这些服务器被称为"Broker"。

（2）Topic：每条发布到 Kafka 集群的消息都有一个类别，这个类别被称为"Topic（主题）"。物理上不同 Topic 的消息分开存储，逻辑上一个 Topic 的消息虽然保存于一个或多个 Broker 上，但用户只需指定消息的 Topic，即可生产或消费数据，而不必关心数据存于何处。

（3）Partition：物理上的概念，每个 Topic 包含一个或多个 Partition。

（4）Producer：消息生产者负责发布消息到 Kafka 的 Broker。

（5）Consumer：消息消费者，从 Kafka 的 Broker 读取消息的客户端。

（6）Consumer Group：每个 Consumer 属于一个特定的 Consumer Group，可为每个 Consumer 指定 Group Name，若不指定，则该 Consumer 属于默认的 Group。同一个 Topic 的一条消息只能被同一个 Consumer Group 内的一个 Consumer 消费，但多个 Consumer Group 可同时消费这一消息。

图 4-4 所示为 Kafka 的总体架构。一个典型的 Kafka 集群包含若干 Producer、若干 Broker、若干 Consumer 以及一个 Zookeeper 集群。Kafka 通过 Zookeeper 管理集群配置。Producer 使用推（push）模式将消息发布到 Broker，Consumer 使用拉（pull）模式从 Broker 订阅并消费消息。

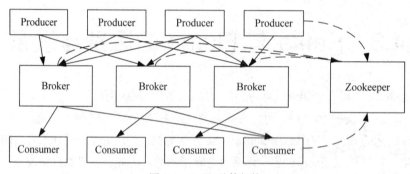

图 4-4　Kafka 总体架构

图 4-5 所示为 Kafka 中的 Topic 与其他组件的关系。Producer 在发布消息时，会发布到特定的 Topic，Consumer 从特定的 Topic 获取消息。每个 Topic 包含一个或多个 Partition。

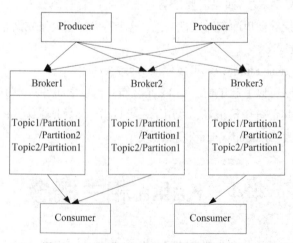

图 4-5　Kafka 中的 Topic 与其他组件的关系

4.5　Kafka 的安装和使用

4.5.1　安装 Kafka

Kafka 的运行需要 Java 环境的支持，因此，安装 Kafka 前需要在 Windows 操作系统中安装 JDK。请参照第 2 章内容完成 JDK 的安装。

访问 Kafka 官网，下载 Kafka 2.4.0 的安装文件 kafka_2.12-2.4.0.tgz，解压缩到 "C:\" 目录下。

因为 Kafka 的运行依赖于 Zookeeper，因此，还需要下载并安装 Zookeeper。当然，Kafka 也内置了 Zookeeper 服务，因此，也可以不额外安装 Zookeeper，直接使用内置的 Zookeeper 服务。为简单起见，这里直接使用 Kafka 内置的 Zookeeper 服务。

4.5.2　使用 Kafka

在 Windows 操作系统中打开第 1 个 cmd 命令行窗口，启动 Zookeeper 服务：

```
> cd c:\kafka_2.12-2.4.0
> .\bin\windows\zookeeper-server-start.bat .\config\zookeeper.Properties
```

注意，执行上面的命令以后，cmd 命令行窗口中会返回一堆信息，然后停住不动，没有回到命令提示符状态。这时，不要误以为是死机，这表示 Zookeeper 服务器已经启动，正处于服务状态。所以，不要关闭这个 cmd 命令行窗口，一旦关闭，Zookeeper 服务就会停止。

打开第 2 个 cmd 命令行窗口，然后输入如下命令启动 Kafka 服务：

```
> cd c:\kafka_2.12-2.4.0
> .\bin\windows\kafka-server-start.bat .\config\server.properties
```

执行上面的命令以后，如果启动失败，并且出现提示信息 "此时不应有\QuickTime\QTSystem\QTJava.zip"，则需要把环境变量 CLASSPATH 的相关信息删除。具体方法是，右键单击 "计算机"，再单击 "属性" → "高级系统设置" → "环境变量"，然后，找到变量 CLASSPATH，把类似下面的信息删除：

C:\Program Files (x86)\QuickTime\QTSystem\QTJava.zip

然后重新启动计算机，让配置修改生效。重新启动计算机以后，再次按照上面的方法启动 Zookeeper 和 Kafka。

执行上面的命令以后，如果启动成功，cmd 命令行窗口中会返回一堆信息，然后停住不动，没有回到命令提示符状态。这时，同样不要误以为是死机，这表示 Kafka 服务器已经启动，正处于服务状态。所以，不要关闭这个 cmd 命令行窗口，一旦关闭，Kafka 服务就会停止。

为了测试 Kafka，这里创建一个主题，名称为 "topic_test"，其包含一个分区，只有一个副本。在第 3 个 cmd 命令行窗口中执行如下命令：

```
> cd c:\kafka_2.12-2.4.0
> .\bin\windows\kafka-topics.bat --create --zookeeper localhost:2181 --replication-
factor 1 --partitions 1 --topic topic_test
```

可以继续执行如下命令，查看 topic_test 是否创建成功：

```
> .\bin\windows\kafka-topics.bat --list --zookeeper localhost:2181
```

如果创建成功，就可以在执行结果中看到 topic_test。

继续在第 3 个 cmd 命令行窗口中执行如下命令，创建一个生产者来产生消息：

```
> .\bin\windows\kafka-console-producer.bat --broker-list localhost:9092 -topic topic_test
```

该命令执行以后，屏幕上的光标会持续闪烁，这时，可以用键盘输入一些内容，例如：

```
I love Kafka
Kafka is good
```

新建第 4 个 cmd 命令行窗口，执行如下命令来消费消息：

```
> cd c:\kafka_2.12-2.4.0
> .\bin\windows\kafka-console-consumer.bat --bootstrap-server localhost:9092 --topic topic_test --from-beginning
```

该命令执行以后，屏幕上显示刚才输入的语句"I love Kafka"和"Kafka is good"。

4.6　使用 Python 操作 Kafka

在使用 Python 操作 Kafka 之前，需要安装第三方模块 python-kafka，命令如下：

```
> pip install kafka-python
```

安装结束以后，可以使用如下命令查看已经安装的 kafka-python 的版本信息：

```
> pip list
```

执行这个命令后会显示已经安装的 Python 第三方模块，以及每个模块的版本信息。

编写一个生产者程序 producer_test.py 用来生成消息：

```python
from kafka import KafkaProducer

producer = KafkaProducer(bootstrap_servers='localhost:9092')  # 连接 Kafka

msg = "Hello World".encode('utf-8')  # 发送内容，必须是 bytes 类型
producer.send('test', msg)  # 发送的 Topic 为 test
producer.close()
```

编写一个消费者程序 consumer_test.py 用来消费消息：

```python
from kafka import KafkaConsumer

consumer=KafkaConsumer('test', bootstrap_servers= ['localhost:9092'], group_id=None,
auto_offset_reset='smallest')
for msg in consumer:
    recv = "%s:%d:%d: key=%s value=%s" % (msg.topic, msg.partition, msg.offset, msg.key,
msg.value)
    print(recv)
```

启动 Zookeeper 服务和 Kafka 服务，然后，先执行 producer_test.py，再执行 consumer_test.py，就可以看到屏幕上显示"Hello World"。

下面再给出一个稍微复杂的实例。假设有一个文件 score.csv，其内容如下：

```
"Name","Score"
"Zhang San",99.0
"Li Si",45.5
"Wang Hong",82.5
"Liu Qian",76.0
"Ma Li",62.5
"Shen Teng",78.0
"Pu Wen",86.5
```

要求完成的任务：Kafka 生产者读取文件中的所有内容，然后将其以 JSON 字符串的形式发送给 Kafka 消费者；消费者获得消息以后将其转换成表格形式显示到屏幕上。显示结果如下所示：

```
        Name   Score
0  Zhang San   99.0
1      Li Si   45.5
2  Wang Hong   82.5
3   Liu Qian   76.0
4      Ma Li   62.5
5  Shen Teng   78.0
6     Pu Wen   86.5
```

为了完成上述任务，编写代码文件 kafka_demo.py（要求和文件 score.csv 在同一个目录下），其内容如下：

```python
# kafka_demo.py
import sys
import json
import pandas as pd
import os
from kafka import KafkaProducer
from kafka import KafkaConsumer
from kafka.errors import KafkaError


KAFKA_HOST = "localhost" # 服务器地址
KAFKA_PORT = 9092        # 端口号
KAFKA_TOPIC = "topic0"   # Topic

data=pd.read_csv(os.getcwd()+'\\score.csv')
key_value=data.to_json()

class Kafka_producer():
    def __init__(self, kafkahost, kafkaport, kafkatopic, key):
        self.kafkaHost = kafkahost
        self.kafkaPort = kafkaport
        self.kafkatopic = kafkatopic
```

```python
            self.key = key
        self.producer = KafkaProducer (bootstrap_servers=' {kafka_host}: {kafka_port}'. format (
                kafka_host=self.kafkaHost,
                kafka_port=self.kafkaPort)
        )
    def sendjsondata(self, params):
            try:
                parmas_message = params
                producer = self.producer
                producer.send(self.kafkatopic,key=self.key, value=parmas_message.encode
('utf-8'))
                producer.flush()
            except KafkaError as e:
                 print(e)


class Kafka_consumer():
    def __init__(self, kafkahost, kafkaport, kafkatopic, groupid,key):
        self.kafkaHost = kafkahost
        self.kafkaPort = kafkaport
        self.kafkatopic = kafkatopic
        self.groupid = groupid
        self.key = key
        self.consumer = KafkaConsumer(self.kafkatopic, group_id=self.groupid,
            bootstrap_servers='{kafka_host}:{kafka_port}'.format(
            kafka_host=self.kafkaHost,
            kafka_port=self.kafkaPort)
        )
    def consume_data(self):
        try:
            for message in self.consumer:
                yield message
        except KeyboardInterrupt as e:
                print(e)


def sortedDictValues(adict):
    items = adict.items()
    items=sorted(items,reverse=False)
    return [value for key, value in items]


def main(xtype, group, key):
    if xtype == "p":
        # 生产模块
        producer = Kafka_producer(KAFKA_HOST, KAFKA_PORT, KAFKA_TOPIC, key)
        print("===========> producer:", producer)
        params =key_value
        producer.sendjsondata(params)
    if xtype == 'c':
```

```
          # 消费模块
          consumer = Kafka_consumer(KAFKA_HOST, KAFKA_PORT, KAFKA_TOPIC, group,key)
          print("============> consumer:", consumer)
          message = consumer.consume_data()
      for msg in message:
          msg=msg.value.decode('utf-8')
          python_data=json.loads(msg)  # 字符串转换成字典
          key_list=list(python_data)
          test_data=pd.DataFrame()
          for index in key_list:
              if index=='Name':
                  a1=python_data[index]
                  data1 = sortedDictValues(a1)
                  test_data[index]=data1
              else:
                  a2 = python_data[index]
                  data2 = sortedDictValues(a2)
                  test_data[index] = data2
          print(test_data)

if __name__ == '__main__':
    main(xtype='p',group='py_test',key=None)
    main(xtype='c',group='py_test',key=None)
```

4.7 Kafka 与 MySQL 的组合使用

本节通过一个实例来演示 Kafka 与 MySQL 的组合使用。需要完成的任务：把 JSON 格式数据放入 Kafka 发送出去；然后从 Kafka 中获取 JSON 格式数据，对其进行解析并写入 MySQL 数据库。请参照第 2 章的内容完成 MySQL 的安装，并学习其使用方法。

编写一个生产者程序 producer_json.py：

```
# producer_json.py
from kafka import KafkaProducer
import json

producer = KafkaProducer(bootstrap_servers='localhost:9092',value_serializer=lambda
v:json.dumps(v).encode('utf-8'))  # 连接 Kafka

data={
  "sno":"95001",
  "name":"John",
  "sex":"M",
  "age":23
```

```
    }

producer.send('json_topic', data)  # 发送的 Topic 为 json_topic
producer.close()
```

编写一个消费者程序 consumer_json.py：

```
# consumer_json.py
from kafka import KafkaConsumer
import json
import pymysql.cursors

consumer = KafkaConsumer('json_topic', bootstrap_servers= ['localhost:9092'], group_id
=None, auto_offset_reset='earliest')
for msg in consumer:
    msg1=str(msg.value, encoding = "utf-8")     # 字节数组转成字符串
    dict = json.loads(msg1)     # 字符串转换成字典
    # 连接数据库
    connect = pymysql.Connect(
    host='localhost',
    port=3306,
    user='root', # 数据库用户名
    passwd='123456', # 密码
    db='school',
    charset='utf8'
    )

    # 获取游标
    cursor = connect.cursor()

    # 插入数据
    sql = "INSERT INTO student(sno,sname,ssex,sage) VALUES ('%s', '%s', '%s', %d)"
    data = (dict['sno'],dict['name'],dict['sex'],dict['age'])
    cursor.execute(sql % data)
    connect.commit()
    print('成功插入数据')

    # 关闭数据库连接
    connect.close()
```

在 Windows 操作系统中启动 MySQL 服务进程，然后，打开 MySQL 命令行窗口，输入如下 SQL 语句创建数据库 school：

```
mysql> CREATE DATABASE school;
```

创建好数据库 school 以后，可以使用如下 SQL 语句打开数据库：

```
mysql> USE school;
```

使用如下 SQL 语句创建一个表 student：

```
mysql>CREATE TABLE student(
    -> sno char(5),
    -> sname char(10),
    -> ssex char(2),
    -> sage int);
```

使用如下 SQL 语句查看已经创建的表：

```
mysql> SHOW TABLES;
```

在 Windows 操作系统中启动 Zookeeper 服务和 Kafka 服务，然后，先运行生产者程序 producer_json.py，再运行消费者程序 consumer_json.py。执行成功以后，使用如下命令查看 MySQL 数据库中新插入的记录：

```
mysql> SELECT * FROM student;
```

可以看到，一条记录已经被成功地插入 MySQL 数据库。

4.8　本章小结

　　Kafka 是一个分布式的、分区的、多副本的、多订阅者的、基于 Zookeeper 协调的分布式消息系统，主要应用场景是日志收集和消息订阅分发。LinkedIn 于 2010 年把 Kafka 贡献给了 Apache 基金会，之后 Kafka 成为顶级开源项目。Kafka 即使对 TB 级以上数据也能保证常数时间的访问性能。Kafka 还支持高吞吐量，即使在非常廉价的商用机器上也能做到单机支持每秒 10 万条消息的传输。本章介绍了 Kafka 的概念及安装和使用方法。本章介绍的 Kafka 使用方法较为基础，要想了解更多高级的使用方法，读者可以参考相关书籍或网络资料。

4.9　习题

1. Kafka 与传统的消息系统有什么区别？
2. Kafka 有哪些优良特性？
3. 请阐述 Kafka 的主要应用场景。
4. 请阐述 Kafka 在大数据生态系统中的作用。
5. 请阐述 Kafka 与 Flume 的联系与区别。
6. 请阐述 Kafka 总体架构中各个组件的功能。

实验 3　熟悉 Kafka 的基本使用方法

一、实验目的

（1）熟悉 Kafka 操作的常用命令。

（2）熟练使用 Python 编写 Kafka 的生产者和消费者。

（3）熟练完成 Kafka 与 MySQL 的交互。

（4）熟悉消费者订阅分区和手动提交偏移量的 API。

二、实验平台

（1）操作系统：Windows 7 及以上。

（2）Kafka 版本：2.4.0。

（3）MySQL 版本：8.0.23。

三、实验内容

1. Kafka 与 MySQL 的组合使用

假设有一个学生表 student，如表 4-1 所示，编写 Python 程序完成如下操作。

（1）读取 student 表的数据内容，将其转为 JSON 格式，发送给 Kafka。

（2）从 Kafka 中获取 JSON 格式数据，打印出来。

表 4-1 学生表 student

sno	sname	ssex	sage
95001	John	M	23
95002	Tom	M	23

2. Kafka 消费者手动提交

生成一个 data.json 文件，内容如下：

```
[
{"name":"Tony","age":"21","hobbies" : ["basketball","tennis"]},
{"name":"Lisa","age":"20","hobbies" : ["sing","dance"]}
]
```

根据上面给出的 data.json 文件，执行如下操作。

（1）编写生产者程序，将 JSON 文件数据发送给 Kafka。

（2）编写消费者程序，读取 Kafka 的 JSON 格式数据，并手动提交偏移量。

3. Kafka 消费者订阅分区

在命令行窗口中启动 Kafka 后，手动创建主题"assgin_topic"，分区数量为 2。具体命令如下：

```
.\bin\windows\kafka-topics.bat --create --zookeeper localhost:2181 --replication-
factor 1 --partitions 2 --topic assign_topic
```

根据上面给出的主题，完成如下操作。

（1）编写生产者程序，以通用唯一标识符 UUID 作为消息，发送给主题"assign_topic"。

（2）编写消费者程序 1，订阅主题的分区 0，只消费分区 0 数据。

（3）编写消费者程序 2，订阅主题的分区 1，只消费分区 1 数据。

四、实验报告

"数据采集与预处理"课程实验报告

题目：		姓名：		日期：

实验环境：

实验内容与完成情况：

出现的问题：

解决方案（列出遇到的问题和解决办法，列出没有解决的问题）：

第5章
日志采集系统 Flume

Flume 是 Cloudera 提供的一个高可用、高可靠、分布式的海量日志采集、聚合和传输系统，Flume 支持在日志系统中定制各类数据发送方，用于收集数据；同时，Flume 提供对数据进行简单处理，并写到各种数据接收方（可定制）的能力。

本章首先简要介绍 Flume，然后介绍 Flume 的安装和使用方法及 Kafka 和 Flume 的组合使用方法，最后介绍采集日志文件到 HDFS 及采集 MySQL 数据到 HDFS 的方法。

5.1 Flume 简介

Flume 运行的核心是 Agent。Flume 以 Agent 为最小的独立运行单位，一个 Agent 就是一个 Java 虚拟机（Java Virtual Machine，JVM），它是一个完整的数据采集工具，包含三个核心组件，分别是数据源（Source）、数据通道（Channel）和数据槽（Sink），如图 5-1 所示。通过这些组件，"事件"可以从一个地方流向另一个地方。每个组件的具体功能如下。

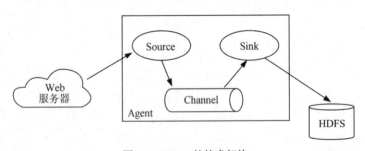

图 5-1 Flume 的技术架构

（1）数据源是数据的收集端，负责将数据捕获后进行特殊的格式化，将数据封装到事件（Event）里，然后将事件推入数据通道。常用的数据源类型包括 Avro、Thrift、Exec、JMS、Spooling Directory、Taildir、Kafka、NetCat、Syslog、HTTP 等。

（2）数据通道是连接数据源和数据槽的组件，可以将它看作数据的缓冲区（数据队列），它可以将事件暂存到内存中，也可以将事件持久化到本地磁盘上，直到数据槽处理完该事件。常用的数据通道类型包括 Memory、JDBC、Kafka、File、Custom 等。

（3）数据槽取出数据通道中的数据，存储到文件系统和数据库，或者提交到远程服务器。常用的数据槽类型包括 HDFS、Hive、Logger、Avro、Thrift、IRC、File Roll、HBase、Elasticsearch、Kafka、HTTP 等。

Flume 提供了大量内置的数据源、数据通道和数据槽类型。不同类型的数据源、数据通道和数据槽可以自由组合。组合方式基于用户设置的配置文件，非常灵活。例如，数据通道可以把事件暂存在内存里，也可以将事件持久化到本地硬盘上；数据槽可以把日志写入 HDFS、HBase，甚至另外一个数据源。

5.2　Flume 的安装和使用

本节介绍 Flume 的安装和使用方法。

5.2.1　Flume 的安装

Flume 的运行需要 Java 环境的支持，因此，需要在 Windows 操作系统中安装 JDK。请参照第 2 章内容完成 JDK 的安装。

访问 Flume 官网，下载 Flume 安装文件 apache-flume-1.9.0-bin.tar.gz。把安装文件解压缩到 Windows 操作系统的 "C:\" 目录下，然后执行如下命令测试是否安装成功：

```
> cd c:\apache-flume-1.9.0-bin\bin
> flume-ng version
```

如果能够返回类似如下代码的信息，则表示安装成功：

```
Flume 1.9.0
Source code repository: https://git-wip-us.apache.org/repos/asf/flume.git
Revision: d4fcab4f501d41597bc616921329a4339f73585e
Compiled by fszabo on Mon Dec 17 20:45:25 CET 2018
From source with checksum 35db629a3bda49d23e9b3690c80737f9
```

5.2.2　Flume 的使用

使用 Flume 的核心是设置配置文件，在配置文件中，需要详细定义 Source、Sink 和 Channel 的相关信息。这里通过两个实例来介绍如何设置配置文件。

1．采集 NetCat 数据显示到控制台

这里给出一个简单的实例，假设 Source 为 NetCat 类型，使用 Telnet 连接 Source 写入数据，产生的日志数据输出到控制台（屏幕）。下面首先介绍在 Windows 7 中的操作方法，然后介绍在 Windows 10 中的操作方法。

为了顺利完成后面的操作，首先开启 Windows 7 的 Telnet 服务。具体方法是，打开 "控制面板"，单击 "程序" → "默认程序"，在窗口左下角单击 "程序和功能"，再单击左侧顶部的 "打开或关闭 Windows 功能"，会出现图 5-2 所示的窗口。把 "Telnet 服务器" 和 "Telnet 客户端" 都选中，然后单击 "确定" 按钮。

在 Flume 安装目录的 conf 子目录下，新建一个名称为 example.conf 的配置文件，该文件的内容如下：

图 5-2　打开或关闭 Windows 功能

```
# 设置 Agent 上的各个组件名称
a1.sources = r1
a1.sinks = k1
a1.channels = c1

# 配置 Source
a1.sources.r1.type = netcat
a1.sources.r1.bind = localhost
a1.sources.r1.port = 44444

# 配置 Sink
a1.sinks.k1.type = logger

# 配置 Channel
a1.channels.c1.type = memory
a1.channels.c1.capacity = 1000
a1.channels.c1.transactionCapacity = 100

# 把 Source 和 Sink 绑定到 Channel 上
a1.sources.r1.channels = c1
a1.sinks.k1.channel = c1
```

配置文件设置了 Source 类型为 NetCat，Channel 类型为 Memory，Sink 类型为 Logger。

然后，新建一个 cmd 命令行窗口（这里称为"Flume 窗口"），并执行如下命令：

```
> cd c:\apache-flume-1.9.0-bin
> .\bin\flume-ng agent --conf .\conf --conf-file .\conf\example.conf --name a1
-property flume.root.logger=INFO,console
```

再新建一个 cmd 命令行窗口，并执行如下命令：

```
> telnet localhost 44444
```

这时就可以从键盘输入一些英文单词，如"Hello World"，切换到 Flume 窗口，就可以看到屏幕上显示了"Hello World"，如图 5-3 所示。这说明 Flume 成功地接收到了信息。

```
2021-02-14 11:53:37,844 (SinkRunner-PollingRunner-DefaultSinkProcessor) [INFO -
org.apache.flume.sink.LoggerSink.process(LoggerSink.java:95)] Event: { headers:(
} body: 48 65 6C 6F 6F 20 57 6F 72 6C 64 0D          Hello World. }
```

图 5-3　Flume 窗口中显示接收到的信息

上面介绍了 Windows 7 中的操作方法，现在介绍 Windows 10 中的操作方法。在 Windows 10 中，运行 Flume 的操作和 Windows 7 一样，不同的是 Telnet 操作。由于 Telnet 服务端的安全性问题，Windows 10 移除了 Telnet 服务端组件，也就是说，在 Windows 10 中无法找到 Telnet 服务端组件，也就无法执行"telnet localhost 44444"命令，因此，操作方法不同于 Windows 7。为了能够执行"telnet localhost 44444"命令，这里使用子系统的方法通过 Linux 的 telnet 命令进行操作，操作步骤如下。

（1）进入 Windows 10 自带的"软件商店"（Microsoft Store），在软件商店中搜索"Ubuntu"，选择第一个搜索结果进行下载，如图 5-4 所示。下载结束后，如图 5-5 所示，单击"安装"按钮，完成 Ubuntu 系统的安装。

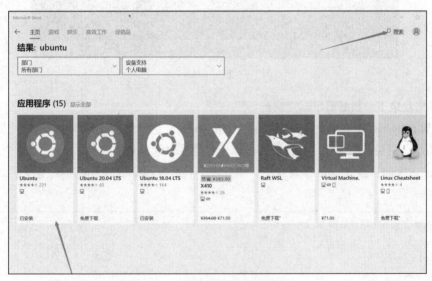

图 5-4　在"软件商店"中下载 Ubuntu

图 5-5　安装 Ubuntu

（2）安装完成后，可以从"开始"菜单启动 Ubuntu，如图 5-6 所示。初次启动时需设置用户名和密码，设置以后就可以进入 Ubuntu 的命令行窗口。

最近添加
Ubuntu
MySQL Workbench 8.0 CE
腾讯会议

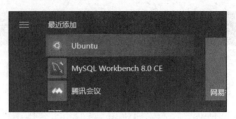

图 5-6　从“开始”菜单启动 Ubuntu

（3）在命令提示符后面输入“telnet localhost 44444”命令即可，如图 5-7 所示。Ubuntu 子系统和原系统 Windows 10 的端口信息可以互通，效果等同于 Windows 7 中的 telnet 命令。这时从键盘输入一些英文单词，如“Hello World”，切换到 Windows 10 中的 Flume 窗口，就可以看到屏幕上显示了“Hello World”，说明 Flume 成功地接收到了信息。

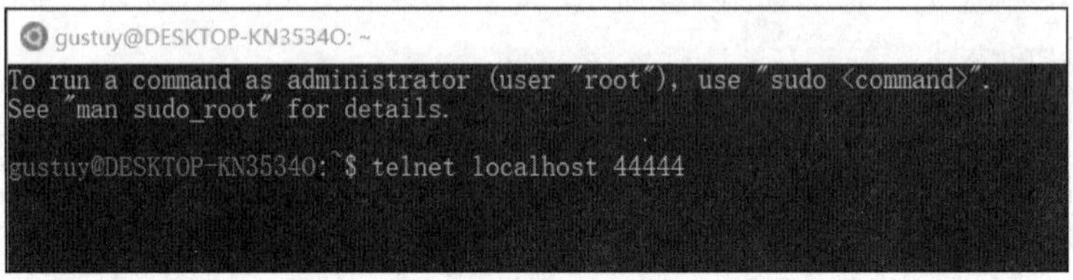

gustuy@DESKTOP-KN35340: ~
To run a command as administrator (user "root"), use "sudo <command>".
See "man sudo_root" for details.
gustuy@DESKTOP-KN35340:~$ telnet localhost 44444

图 5-7　执行 telnet 命令

2. 采集目录下的数据显示到控制台

假设 Windows 操作系统中有一个目录“C:\mylogs”，这个目录下不断有新的文件生成。使用 Flume 采集这个目录下的文件，并把文件内容显示到控制台（屏幕）。

在 Flume 安装目录的 conf 子目录下，新建一个名称为 example1.conf 的配置文件，该文件的内容如下：

```
# 设置 Agent 上的各个组件名称
a1.sources = r1
a1.channels = c1
a1.sinks = k1

# 配置 Source
a1.sources.r1.type = spooldir
a1.sources.r1.spoolDir = C:/mylogs/

# 配置 Channel
a1.channels.c1.type = memory
a1.channels.c1.capacity = 10000
a1.channels.c1.transactionCapacity = 100

# 配置 Sink
a1.sinks.k1.type = logger

# 把 Source 和 Sink 绑定到 Channel 上
```

```
a1.sources.r1.channels = c1
a1.sinks.k1.channel = c1
```

清空 "C:\mylogs" 目录（即删除该目录下的所有内容），然后新建一个 cmd 命令行窗口（这里称为 "Flume 窗口"），并执行如下命令：

```
> cd c:\apache-flume-1.9.0-bin
> .\bin\flume-ng agent --conf .\conf --conf-file .\conf\example1.conf --name a1
-property flume.root.logger=INFO,console
```

然后，在 "C:\" 目录下新建一个文件 mylog.txt，输入一些内容，如 "I love Flume"。保存该文件，并把该文件复制到 "C:\mylogs" 目录下，可以看到，mylog.txt 很快会变成 mylog.txt.COMPLETED，这时，在 Flume 窗口中就可以看到 mylog.txt 中的内容，如 "I love Flume"。

5.3　Flume 和 Kafka 的组合使用

在 Windows 操作系统中打开第 1 个 cmd 命令行窗口，执行如下命令启动 Zookeeper 服务：

```
> cd c:\kafka_2.12-2.4.0
> .\bin\windows\zookeeper-server-start.bat .\config\zookeeper.Properties
```

打开第 2 个 cmd 命令行窗口，执行如下命令启动 Kafka 服务：

```
> cd c:\kafka_2.12-2.4.0
> .\bin\windows\kafka-server-start.bat .\config\server.properties
```

打开第 3 个 cmd 命令行窗口，执行如下命令创建一个名为 test 的 Topic：

```
> cd c:\kafka_2.12-2.4.0
> .\bin\windows\kafka-topics.bat --create --zookeeper localhost:2181 --replication-
factor 1 --partitions 1 --topic test
```

在 Flume 安装目录的 conf 子目录下创建一个配置文件 kafka.conf，内容如下：

```
# 设置 Agent 上的各个组件名称
a1.sources = r1
a1.sinks = k1
a1.channels = c1

# 配置 Source
a1.sources.r1.type = netcat
a1.sources.r1.bind = localhost
a1.sources.r1.port = 44444

# 配置 Sink
a1.sinks.k1.type = org.apache.flume.sink.kafka.KafkaSink
a1.sinks.k1.kafka.topic = test
a1.sinks.k1.kafka.bootstrap.servers = localhost:9092
a1.sinks.k1.kafka.flumeBatchSize = 20
a1.sinks.k1.kafka.producer.acks = 1
a1.sinks.k1.kafka.producer.linger.ms = 1
```

```
a1.sinks.k1.kafka.producer.compression.type = snappy

# 配置 Channel
a1.channels.c1.type = memory
a1.channels.c1.capacity = 1000
a1.channels.c1.transactionCapacity = 100

# 把 Source 和 Sink 绑定到 Channel 上
a1.sources.r1.channels = c1
a1.sinks.k1.channel = c1
```

打开第 4 个 cmd 命令行窗口，执行如下命令启动 Flume：

```
> cd c:\apache-flume-1.9.0-bin
> .\bin\flume-ng.cmd agent --conf ./conf --conf-file ./conf/kafka.conf --name a1
-property flume.root.logger=INFO,console
```

打开第 5 个 cmd 命令行窗口，执行如下命令：

```
> telnet localhost 44444
```

执行上面的命令以后，在该窗口内用键盘输入一些单词，如 "hadoop"。这个单词会发送给 Flume，然后由 Flume 发送给 Kafka。

打开第 6 个 cmd 命令行窗口，执行如下命令：

```
> cd c:\kafka_2.12-2.4.0
> .\bin\windows\kafka-console-consumer.bat --bootstrap-server localhost:9092 --topic
test --from-beginning
```

上面的命令执行以后，就可以在屏幕上看到 "hadoop"，说明 Kafka 成功接收到了数据。

5.4　采集日志文件到 HDFS

在实际应用开发中，经常需要把 Flume 采集的日志按照指定的格式传到 HDFS 上，为离线分析提供数据支撑。

5.4.1　采集目录到 HDFS

某服务器的某特定目录下（如 "C:\mylogs"）会不断产生新的文件，每当有新文件出现，就需要把文件采集到 HDFS。

根据需求，首先定义以下三大要素。

（1）Source：因为要监控文件目录，所以 Source 的类型是 spooldir。

（2）Sink：因为要把文件采集到 HDFS 中，所以，Sink 的类型是 hdfs。

（3）Channel：Channel 的类型可以设置为 memory。

在 Flume 安装目录的 conf 子目录下，编写一个配置文件 spooldir_hdfs.conf，其内容如下：

```
# 定义三大组件的名称
agent1.sources = source1
```

```
agent1.sinks = sink1
agent1.channels = channel1

# 配置 Source
agent1.sources.source1.type = spooldir
agent1.sources.source1.spoolDir = C:/mylogs/
agent1.sources.source1.fileHeader = false

# 配置 Sink
agent1.sinks.sink1.type = hdfs
agent1.sinks.sink1.hdfs.path =hdfs://localhost:9000/weblog/%y-%m-%d/%H-%M
agent1.sinks.sink1.hdfs.filePrefix = access_log
agent1.sinks.sink1.hdfs.maxOpenFiles = 5000
agent1.sinks.sink1.hdfs.batchSize= 100
agent1.sinks.sink1.hdfs.fileType = DataStream
agent1.sinks.sink1.hdfs.writeFormat =Text
agent1.sinks.sink1.hdfs.rollSize = 102400
agent1.sinks.sink1.hdfs.rollCount = 1000000
agent1.sinks.sink1.hdfs.rollInterval = 60
#agent1.sinks.sink1.hdfs.round = true
#agent1.sinks.sink1.hdfs.roundValue = 10
#agent1.sinks.sink1.hdfs.roundUnit = minute
agent1.sinks.sink1.hdfs.useLocalTimeStamp = true

# 配置 Channel
agent1.channels.channel1.type = memory
agent1.channels.channel1.keep-alive = 120
agent1.channels.channel1.capacity = 500000
agent1.channels.channel1.transactionCapacity = 600

# 把 Source 和 Sink 绑定到 Channel 上
agent1.sources.source1.channels = channel1
agent1.sinks.sink1.channel = channel1
```

为了让 Flume 能够顺利访问 HDFS，需要把 Flume 安装目录下的 lib 子目录下的 guava-11.0.2.jar 文件删除，然后，把 Hadoop 安装目录下的 share\hadoop\common\lib 目录下的 guava-27.0-jre.jar 文件复制到 Flume 安装目录下的 lib 子目录下。

在 Windows 操作系统中，新建一个 cmd 命令行窗口，使用如下命令启动 Hadoop 的 HDFS：

```
> cd c:\hadoop-3.1.3\sbin
> start-dfs.cmd
```

执行 JDK 自带的命令 jps，查看 Hadoop 已经启动的进程：

```
> jps
```

需要注意的是，这里在使用 jps 命令的时候没有带上绝对路径，是因为已经把 JDK 添加到了环境变量 Path 中。

执行 jps 命令以后，如果能够看到 DataNode 和 NameNode 这两个进程，就说明 Hadoop 启动成功。

再新建一个 cmd 命令行窗口，执行如下命令启动 Flume：

```
> cd c:\apache-flume-1.9.0-bin
> .\bin\flume-ng agent --conf .\conf --conf-file .\conf\spooldir_hdfs.conf --name
agent1 -property flume.root.logger=INFO,console
```

执行上述命令以后，Flume 就被启动了，开始实时监控 "C:/mylogs/" 目录。只要这个目录下有新的文件生成，就会被 Flume 捕捉到，并被保存到 HDFS 中。在 C 盘根目录下新建一个文本文件 mylog1.txt，写入一些句子，如 "This is mylog1"，然后，把 mylog1.txt 文件复制到 "C:\mylogs" 目录下，过一会儿，就会看到 mylog1.txt 文件名被修改成了 mylog4.txt.COMPLETED，说明该文件已经成功被 Flume 捕捉到。可以在 HDFS 的 Web 管理页面（http://localhost:9870）中查看生成的文件及其内容。

5.4.2　采集文件到 HDFS

某服务器的某特定目录下的文件（如 "C:\mylogs\log1.txt"）会不断发生更新，每当文件被更新时，就需要把更新的数据采集到 HDFS。

根据需求，首先定义以下三要素。

（1）Source：因为要监控文件内容，所以 Source 的类型是 exec。

（2）Sink：因为要把文件采集到 HDFS，所以 Sink 的类型是 hdfs。

（3）Channel：Channel 的类型可以设置为 memory。

在 Flume 安装目录的 conf 子目录下，编写一个配置文件 exec_hdfs.conf，其内容如下：

```
# 定义三大组件的名称
agent1.sources = source1
agent1.sinks = sink1
agent1.channels = channel1

# 配置 Source
agent1.sources.source1.type = exec
agent1.sources.source1.command = tail -F C:/mylogs/log1.txt
agent1.sources.source1.channels = channel1

# 配置 Sink
agent1.sinks.sink1.type = hdfs
agent1.sinks.sink1.hdfs.path =hdfs://localhost:9000/weblog/%y-%m-%d/%H-%M
agent1.sinks.sink1.hdfs.filePrefix = access_log
agent1.sinks.sink1.hdfs.maxOpenFiles = 5000
agent1.sinks.sink1.hdfs.batchSize= 100
agent1.sinks.sink1.hdfs.fileType = DataStream
agent1.sinks.sink1.hdfs.writeFormat =Text
agent1.sinks.sink1.hdfs.rollSize = 102400
agent1.sinks.sink1.hdfs.rollCount = 1000000
agent1.sinks.sink1.hdfs.rollInterval = 60
#agent1.sinks.sink1.hdfs.round = true
#agent1.sinks.sink1.hdfs.roundValue = 10
#agent1.sinks.sink1.hdfs.roundUnit = minute
```

```
agent1.sinks.sink1.hdfs.useLocalTimeStamp = true

# 配置 Channel
agent1.channels.channel1.type = memory
agent1.channels.channel1.keep-alive = 120
agent1.channels.channel1.capacity = 500000
agent1.channels.channel1.transactionCapacity = 600

# 把 Source 和 Sink 绑定到 Channel 上
agent1.sources.source1.channels = channel1
agent1.sinks.sink1.channel = channel1
```

上面的配置文件中有一行内容如下：

```
agent1.sources.source1.command = tail -F C:/mylogs/log1.txt
```

这里使用了 tail 命令。Windows 操作系统没有自带 tail 命令，因此需要单独安装。可以到网络上查找 tail.exe 文件，或者直接到本书官网的"下载专区"的"软件"目录中下载 tail.zip 文件，解压缩生成 tail.exe 文件，再把 tail.exe 文件复制到"C:\Windows\System32"目录下。然后，可以测试一下该命令的效果。先新建一个文件"C:\mylogs\log1.txt"，文件内容可以为空，再打开一个 cmd 命令行窗口（这里称为"tail 窗口"），输入如下命令：

```
> tail -f c:\mylogs\log1.txt
```

用记事本打开 log1.txt，向里面输入一些内容（如"I love Flume"）并保存文件。这时，tail 窗口内就会显示刚刚输入 log1.txt 的内容。

再新建一个 cmd 命令行窗口，启动 HDFS，然后执行如下命令启动 Flume：

```
> cd c:\apache-flume-1.9.0-bin
> .\bin\flume-ng agent --conf .\conf --conf-file .\conf\exec_hdfs.conf --name agent1
-property flume.root.logger=INFO,console
```

执行上述命令以后，Flume 就被启动了，开始实时监控"C:/mylogs/log1.txt"文件。只要这个文件发生了内容更新，就会被 Flume 捕捉到，更新内容会被保存到 HDFS 中。作为测试，可以在 log1.txt 文件中输入一些内容，然后到 HDFS 的 Web 管理页面中（http://localhost:9870）查看生成的文件及其内容。

5.5　采集 MySQL 数据到 HDFS

采集 MySQL 数据库中的数据到 HDFS，也是实际应用中常见的情形。

5.5.1　准备工作

在采集 MySQL 数据库中的数据到 HDFS 时，需要用到一个第三方 JAR 包，即 flume-ng-sql-source-1.5.2.jar。这个 JAR 包可以直接从网络上下载，也可以到本书官网的"下载专区"的"软件"目录中下载。但是，直接下载的 JAR 包一般都不是最新的版本，或者可能与已经安装的 Flume

不兼容，因此，这里介绍自己下载源代码进行编译得到 JAR 包的方法。

为了对源代码进行编译，这里需要用到 Maven 工具，可以到 Maven 官网下载安装包 apache-maven-3.6.3-bin.zip，然后解压缩到 Windows 操作系统的 "C:\" 目录下。

访问 GitHub 网站（https://github.com/keedio/flume-ng-sql-source/tree/release/1.5.2），在图 5-8 所示的页面中，单击右上角的 "Code" 按钮，在弹出的菜单中单击 "Download ZIP"，就可以把压缩文件 flume-ng-sql-source-release-1.5.2.zip 下载到本地。然后，把文件解压缩到 Windows 操作系统的 "C:\" 目录下。

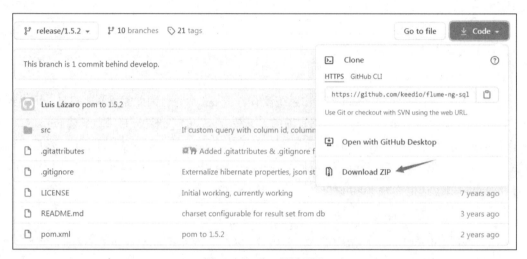

图 5-8　GitHub 网站页面

打开一个 cmd 命令行窗口，执行如下命令进行编译打包：

```
> cd C:\flume-ng-sql-source-release-1.5.2
> C:\apache-maven-3.6.3\bin\mvn package
```

编译打包过程会持续一段时间，最终，如果编译打包成功，会返回类似下面的信息：

```
[INFO]Buildingjar:
c:\flume-ng-sql-source-release-1.5.2\target\flume-ng-sql-source-1.5.2-javadoc.jar
[INFO] ------------------------------------------------------------------------
[INFO] BUILD SUCCESS
[INFO] ------------------------------------------------------------------------
[INFO] Total time:  04:27 min
[INFO] Finished at: 2021-02-17T09:36:13+08:00
[INFO] ------------------------------------------------------------------------
```

这时，在 "C:\flume-ng-sql-source-release-1.5.2\target" 目录下，可以看到一个 JAR 包文件 flume-ng-sql-source-1.5.2.jar。把这个文件复制到 Flume 安装目录的 lib 子目录下（如 "C:\apache-flume-1.9.0-bin\lib"）。

此外，为了让 Flume 能够顺利连接 MySQL 数据库，还需要用到一个连接驱动程序 JAR 包。可以访问 MySQL 官网下载驱动程序压缩文件 mysql-connector-java-8.0.23.tar.gz，也可以到本书官网下载。然后，对该压缩文件进行解压缩，在解压后的目录中，找到文件 mysql-connector-java-8.0.23.jar，把这个文件复制到 Flume 安装目录的 lib 子目录下（如 "C:\apache-flume-1.9.0-bin\lib"）。

5.5.2　创建 MySQL 数据库

参照第 2 章中关于 MySQL 数据库的内容完成 MySQL 数据库的安装，并学习其基本使用方法。这里假设读者已经成功安装了 MySQL 数据库并掌握了基本的使用方法。在 Windows 操作系统中，启动 MySQL 服务进程，然后打开 MySQL 命令行窗口，执行如下 SQL 语句创建数据库和表：

```
mysql>CREATE DATABASE school;
mysql> USE school;
mysql> CREATE TABLE student1(
    -> id INT NOT NULL,
    -> name VARCHAR(40),
    -> age INT,
    -> grade INT,
    -> PRIMARY KEY (id));
```

需要注意的是，在创建表的时候，一定要设置一个主键（例如，这里 id 是主键），否则后面 Flume 会捕捉数据失败。

创建好 MySQL 数据库以后，再执行如下命令启动 Hadoop 的 HDFS：

```
> cd c:\hadoop-3.1.3\sbin
> start-dfs.cmd
```

执行 JDK 自带的命令 jps 查看 Hadoop 已经启动的进程：

```
> jps
```

执行 jps 命令以后，如果能够看到"DataNode"和"NameNode"这两个进程，就说明 Hadoop 启动成功。

5.5.3　配置和启动 Flume

根据需求，首先定义以下三要素。

（1）Source：因为要监控 MySQL 数据库，所以 Source 的类型是 org.keedio.flume.source. SQLSource。

（2）Sink：因为要把文件采集到 HDFS 中，所以 Sink 的类型是 hdfs。

（3）Channel：Channel 的类型可以设置为 memory。

在 Flume 安装目录的 conf 子目录下，编写一个配置文件 mysql_hdfs.conf，其内容如下：

```
# 定义三大组件的名称
agent1.channels = ch1
agent1.sinks = HDFS
agent1.sources = sql-source

# 配置 Source
agent1.sources.sql-source.type = org.keedio.flume.source.SQLSource
agent1.sources.sql-source.hibernate.connection.url =
jdbc:mysql://localhost:3306/school
agent1.sources.sql-source.hibernate.connection.user = root    #数据库用户名
```

```
agent1.sources.sql-source.hibernate.connection.password = 123456   # 数据库密码
agent1.sources.sql-source.hibernate.connection.autocommit = true
agent1.sources.sql-source.table = student        # 数据库中的表名称
agent1.sources.sql-source.run.query.delay=5000
agent1.sources.sql-source.status.file.path = C:/apache-flume-1.9.0-bin/
agent1.sources.sql-source.status.file.name = sql-source.status

# 配置 Sink
agent1.sinks.HDFS.type = hdfs
agent1.sinks.HDFS.hdfs.path = hdfs://localhost:9000/flume/mysql
agent1.sinks.HDFS.hdfs.fileType = DataStream
agent1.sinks.HDFS.hdfs.writeFormat = Text
agent1.sinks.HDFS.hdfs.rollSize = 268435456
agent1.sinks.HDFS.hdfs.rollInterval = 0
agent1.sinks.HDFS.hdfs.rollCount = 0

# 配置 Channel
agent1.channels.ch1.type = memory

# 把 Source 和 Sink 绑定到 Channel 上
agent1.sinks.HDFS.channel = ch1
agent1.sources.sql-source.channels = ch1
```

配置文件 mysql_hdfs.conf 中有如下两行：

```
agent1.sources.sql-source.status.file.path = C:/apache-flume-1.9.0-bin/
agent1.sources.sql-source.status.file.name = sql-source.status
```

这两行设置了 Flume 状态信息的保存位置，即保存在 "C:/apache-flume-1.9.0-bin/" 目录下的 sql-source.status 这个文件中。需要重点强调的是，sql-source.status 这个文件一定不要自己创建（如果自己创建，启动 Flume 时会报错），Flume 在启动过程中会自动创建这个文件。如果已经存在 sql-source.status 这个文件，也要将其删除。

配置文件 mysql_hdfs.conf 中还有如下一行：

```
agent1.sinks.HDFS.hdfs.path = hdfs://localhost:9000/flume/mysql
```

这行配置信息设置了数据在 HDFS 中的保存目录。需要注意的是，这个目录不需要自己创建，Flume 会自动在 HDFS 中创建该目录。

执行如下命令启动 Flume：

```
> cd c:\apache-flume-1.9.0-bin
> .\bin\flume-ng agent --conf .\conf --conf-file .\conf\mysql_hdfs.conf --name agent1 -property flume.root.logger=INFO,console
```

执行上述命令以后，Flume 就被启动了。一定要注意启动过程中的返回信息，看看是否返回了错误信息。当返回的信息中没有任何错误信息时，就表示启动成功了。

然后，在 MySQL 命令行窗口中执行如下语句向 MySQL 数据库中插入数据：

```
mysql> insert into student(id,name,age,grade) values(1,'Xiaoming',23,98)
mysql> insert into student(id,name,age,grade) values(2,'Zhangsan',24,96);
mysql> insert into student(id,name,age,grade) values(3,'Lisi',24,93);
```

到"C:/apache-flume-1.9.0-bin/"目录下查看 sql-source.status 这个文件，这个文件会包含类似下面的信息：

{"SourceName":"sql-source","URL":"jdbc:mysql:\/\/localhost:3306\/school","LastIndex":"3","ColumnsToSelect":"*","Table":"student"}

在浏览器中输入网址"http://localhost:9870"打开 Hadoop 的 Web 管理界面，如图 5-9 所示，就可以看到新生成的文件。

图 5-9　HDFS 的文件浏览页面

双击打开其中一个文件，在出现的页面中单击"Tail the file(last 32K)"，如图 5-10 所示，就会显示文件的内容，如图 5-11 所示。

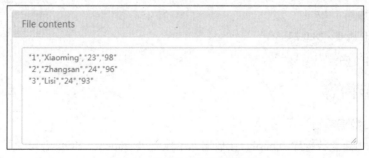

图 5-10　HDFS 的文件信息页面

图 5-11　HDFS 的文件内容页面

5.6　本章小结

Flume 最早是 Cloudera 提供的日志采集系统，是 Apache 下的一个孵化项目。Flume 支持在日志系统中定制各类数据发送方，用于收集数据。Flume 提供对数据进行简单处理，并写到各种数据接收方（可定制）的能力。Flume 提供了从 console（控制台）、RPC（Thrift-RPC）、text（文件）、tail（UNIX tail）、Syslog（Syslog 日志系统）、exec（命令执行）等数据源收集数据的能力。本章介绍了 Flume 的技术架构，并给出了 Flume 的安装和使用方法。本章介绍的 Flume 使用方法较为基础，要想了解更多高级的使用方法，读者可以参考相关书籍或网络资料。

5.7　习题

1. 请阐述 Flume 的技术架构。
2. Flume 可以支持哪些 Source？可以支持哪些 Sink？
3. 如何编写 Flume 的配置文件？
4. 请阐述 tail 命令的用途以及如何在 Windows 操作系统中安装 tail 工具。

实验 4　熟悉 Flume 的基本使用方法

一、实验目的

（1）了解 Flume 的基本功能。
（2）掌握 Flume 的使用方法，学会按要求编写相关配置文件。

二、实验平台

（1）操作系统：Windows 7 及以上。
（2）Flume 版本：1.9.0。
（3）Kafka 版本：2.4.0。
（4）MySQL 版本：8.0.23。
（5）Hadoop 版本：3.1.3。

三、实验内容

1. MySQL 数据输出

在 MySQL 中建立数据库 school，在数据库中建立表 student。SQL 语句如下：

```
create database school;
use school;
create table student(
    id int not null,
    name varchar(40),
    age int,
    grade int,
    primary key(id)
);
```

使用 Flume 实时捕捉 MySQL 数据库中的记录更新，一旦有新的记录生成，就捕获该记录并显示到控制台。可以使用如下 SQL 语句模拟 MySQL 数据库中的记录生成操作：

```
insert into student(id,name,age,grade) values (1,'Xiaoming',23,98);
insert into student(id,name,age,grade) values (2,'Zhangsan',24,96);
insert into student(id,name,age,grade) values (3,'Lisi',24,93);
insert into student(id,name,age,grade) values (4,'Wangwu',21,91);
insert into student(id,name,age,grade) values (5,'Weiliu',21,91);
```

2. Kafka 连接 Flume

编写 Flume 配置文件，将 Kafka 作为输入源，由生产者输入 "HelloFlume" 或其他信息；通过 Flume 将 Kafka 生产者输入的信息存入 HDFS，存储格式为 hdfs://localhost:9000/fromkafka/%Y%m%d/，要求存储时文件名为 kafka_log（注：配置好 Flume 后生产者输入的信息不会实时写入 HDFS，而是一段时间后批量写入）。

3. 使用 Flume 写入当前文件系统

假设有一个目录 "C:/mylog/"，现在新建两个文本文件 1.txt 与 2.txt，在 1.txt 中输入 "Hello Flume"，在 2.txt 中输入 "hello flume"。使用 Flume 对目录 "C:/mylog/" 进行监控，当把 1.txt 与 2.txt 放入该目录时，Flume 就会把文件内容写入 "C:/backup" 目录下的文件中（注：配置文件中 Source 的类型为 spooldir，Sink 的类型为 file_roll，具体用法可以参考 Apache 官网文档。

四、实验报告

"数据采集与预处理" 课程实验报告

题目：		姓名：		日期：
实验环境：				
实验内容与完成情况：				
出现的问题：				
解决方案（列出遇到的问题和解决办法，列出没有解决的问题）：				

第6章
数据仓库中的数据集成

数据仓库的发展经历了 5 个阶段,即报表阶段、分析阶段、预测阶段、实时决策阶段和主动决策阶段。支持实时主动决策的数据仓库被称为"实时主动数据仓库"。由于实时主动决策可以为企业带来巨大收益,越来越多的企业开始关注实时主动数据仓库的建设。

数据集成是数据仓库建设的关键部分。实时主动数据仓库可以使用针对传统数据仓库开发的数据集成技术(如脚本、ETL 等)完成数据的批量加载;同时,由于增加了对实时主动决策的支持,实时主动数据仓库还需要使用实时的连续数据集成技术,以使数据源中发生的数据变化及时反映到数据仓库中,保证为实时应用提供最新的数据。

本章首先介绍数据仓库的概念,包括传统的数据仓库和实时主动数据仓库;然后介绍数据仓库中的数据集成,包括数据集成方式、数据分发方式和数据集成技术;最后介绍两种具有代表性的数据集成技术,即 ETL 和 CDC。

6.1　数据仓库的概念

本节介绍数据仓库的概念,包括传统的数据仓库和实时主动数据仓库。

6.1.1　传统的数据仓库

数据仓库(Data Warehouse)是一个面向主题、集成、相对稳定、反映历史变化的数据集,用于支持管理决策。

(1)面向主题。操作型数据库的数据组织面向事务处理任务,数据仓库中的数据则按照一定的主题进行组织。主题是指用户使用数据仓库进行决策时所关心的重点,一个主题通常与多个操作型信息系统相关。

(2)集成。数据仓库的数据来自于分散的操作型数据,所需数据从原来的数据中被抽取出来,经过加工与集成、统一与综合之后才能进入数据仓库。

(3)相对稳定。数据仓库是不可更新的,其主要是为决策分析提供数据,所涉及的操作主要是数据的查询。

(4)反映历史变化。设计者在构建数据仓库时,会每隔一定的时间(如每周、每天或每小时)从数据源抽取数据并加载到数据仓库,例如,1 月 1 日晚上 12 点"抓拍"数据源中的数据保存到数据仓库，然后 1 月 2 日、1 月 3 日……一直到月底，每天"抓拍"数据源中的数据保存到数据仓库。这样，一个月以后，数据仓库中就保存了 1 月每天的数据"快照"。这 31 份数据"快照"可以用来进行商务智能分析，例如，分析一个商品在 1 个月内的销量变化情况。

综上所述，数据库是面向事务设计的，数据仓库是面向主题设计的。数据库一般存储在线交易数据，数据仓库存储的一般是历史数据。数据库是为捕获数据而设计的，数据仓库是为分析数据而设计的。

如图 6-1 所示，一个典型的数据仓库系统通常包含数据源、数据存储和管理、OLAP 服务器、前端工具和应用四个部分。

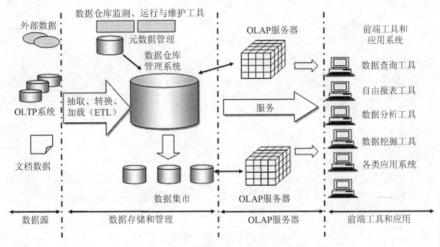

图 6-1　传统的数据仓库体系架构

（1）数据源。数据源是数据仓库的基础，即系统的数据来源，通常包含企业的各种内部数据和外部数据。内部数据包括存在于联机事务处理（On-Line Transaction Processing，OLTP）系统中的各种业务数据和办公自动化系统中的各类文档数据等。外部数据包括各类法律法规、市场信息、竞争对手的信息及各类外部统计数据和其他相关文档等。

（2）数据存储和管理。数据存储和管理是整个数据仓库系统的核心，它是指在现有各业务系统的基础上，周期性地对数据进行抽取、转换、加载（ETL），按照主题进行重新组织，最终确定数据仓库的物理存储结构，同时存储数据库的各种元数据（包括数据仓库的数据字典、记录系统定义、数据转换规则、数据加载频率及业务规则等）。对数据仓库系统的管理，也就是对相应数据库系统的管理，通常包括数据的安全、归档、备份、维护和恢复等工作。

（3）OLAP 服务器。联机分析处理（On-Line Analytical Processing，OLAP）服务器将需要分析的数据按照多维数据模型进行重组，以支持用户随时多角度、多层次地分析数据，发现数据规律与趋势。

（4）前端工具和应用。前端工具和应用主要包括数据查询工具、自由报表工具、数据分析工具、数据挖掘工具和各类应用系统。

6.1.2　实时主动数据仓库

传统的数据仓库通常不包含当前数据，因为它们采用 ETL 工具周期性地从数据源抽取数据，经过处理后加载到数据仓库，而数据抽取的周期通常为一个月一次、一周一次或一天一次。但是，当前的商务需求对数据的实时性提出了更高的要求。实时主动数据仓库可实时捕捉数据源中发生的变化，并且根据预先设置的规则做出战术决策。实时主动数据仓库是一个集成的信息存储仓库，既具备批量和周期性的数据加载能力（采用 ETL 技术），又具备数据变化的实时探测、传播和加载能力（采用 CDC 技术），并能结合历史数据和新颖数据实现查询分析和自动规则触发，从而提供对战略决策和战术决策的双重支持。实时主动数据仓库体系架构如图 6-2 所示。

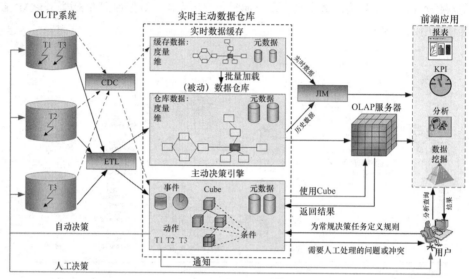

图 6-2　实时主动数据仓库体系架构

6.2　数据集成

本节介绍数据集成方式、数据分发方式和数据集成技术。

6.2.1　数据集成方式

实时主动数据仓库中，数据集成方式包括数据整合、数据联邦、数据传播和混合方法四种。

（1）数据整合（Data Consolidation）：不同数据源的数据被物理地集成到数据目标。利用 ETL 工具把数据源中的数据批量地加载到数据仓库，就属于数据整合。

（2）数据联邦（Data Federation）：在多个数据源的基础上建立统一的逻辑视图，对外界应用屏蔽数据在各个数据源的分布细节。对于这些应用而言，只有一个数据访问入口，但是实际上，被请求的数据只是逻辑上集中，在物理上仍然分布在各个数据源中。只有收到请求时，数据仓库才临时从不同数据源获取相关数据，进行集成后提交给数据请求者。当数据整合方式代价太大或者为了满足一些突发的实时数据需求时，可以考虑采用数据联邦的方式建立企业范围内的全局统一数据视图。

（3）数据传播（Data Propagation）：数据在多个应用之间的传播。例如，在企业应用集成（Enterprise Application Integration，EAI）解决方案中，不同应用之间可以通过传播消息进行交互。

（4）混合方法（Hybrid Approach）：在这种方式中，对那些不同应用都使用的数据采用数据整合的方式进行集成，而对那些只有特定应用才使用的数据则采用数据联邦的方式进行集成。

6.2.2 数据分发方式

数据分发是数据集成的一个重要组成部分。目前，大致存在如下几种数据分发方式：推（push）和拉（pull）；周期和非周期；一对一和一对多。

表 6-1 列出了不同数据分发方式的组合。传统的数据仓库实施方案大多采用"拉"机制。但是，不管是周期性的还是非周期性的"拉"机制，都会对操作型系统造成额外负担；当我们需要实时的数据集成时，这种负担更加沉重。在实时主动数据仓库中，在进行数据的连续集成时，对于操作型系统来说，"推"机制是比较理想的，因为系统自己可以控制什么时候把数据"推"向什么地方。

表 6-1　　　　　　　　　　　　　　　不同数据分发方式的组合

推拉	周期 非周期	一对一 一对多	数据分发选择
拉	非周期	一对一	请求/响应
		一对多	请求/探测式响应
	周期	一对一	轮询
		一对多	探测式轮询
推	非周期	一对一	——
		一对多	发布/订阅
	周期	一对一	发送电子邮件
		一对多	电子邮件列表

6.2.3 数据集成技术

有多种技术可以为实时主动数据仓库提供数据集成服务，如脚本、ETL、EAI 和 CDC。但是，只有部分技术能提供实时（连续）的数据集成，具体介绍如下。

（1）脚本。脚本是数据集成的一种快速解决方案，其优点是使用灵活且比较经济，很容易着手开发和进行修改，绝大部分操作系统和 DBMS 都可以使用脚本。但是，使用脚本也有很多问题，例如，耗费开发者的时间和精力，不好管理和操作，不能满足服务水平协议（Service-Level Agreements，SLA），等等。

（2）ETL。ETL 是实现大规模数据初步加载的理想解决方案，它提供了高级的转换能力。ETL 任务通常都在"维护时间窗口"内进行，在 ETL 任务执行期间，数据源默认不会发生变化，因此用户不必担忧 ETL 任务开销对数据源的影响。但这同时也意味着，对于商务用户而言，数据和应用并非任何时候都是可用的。

（3）EAI。原先为应用集成而设计的 EAI 解决方案渐渐地演化成了实时数据获取和集成的解决方案。EAI 解决方案通常和 ETL 解决方案并存，从而增强 ETL 的功能。EAI 解决方案在源系统和目标系统之间进行连续的数据分发，并且保证数据的成功分发，同时提供高级的工作流支持和基本的数据转换能力。但是，EAI 受数据量的限制，因为 EAI 的设计初衷是实现应用的集成而不是数据的集成，即它是用来调用应用或者分发命令和消息的。然而，由于 EAI 具有在数据集成过程中实时分发数据和维护数据一致性的特性，所以也就能够提供实时数据获取的能力，而这种能力正是实时主动数据仓库所需要的。

（4）CDC。变化数据捕捉（Change Data Capture，CDC）提供了连续变化数据的捕捉和分发能力，并且只有很低的开销和延迟。CDC 在提交的数据事务上进行操作，从 OLTP 系统中捕获变化的数据，再进行基本的转换，最后把数据发送到数据仓库中。虽然在体系结构上 CDC 属于异步的，但它表现出类似同步的行为，数据延迟只有不到 1 秒的时间，同时能够维护数据事务的一致性。

表 6-2 所示为不同数据集成技术的比较。选择技术时应该着重参考以下几个方面的因素：数据量、频率、可接受的延迟、数据集成、转换需求和处理开销。

表 6-2　　　　　　　　　　　不同数据集成技术的比较

属性	数据集成技术			
	脚本	ETL	EAI	CDC
数据量	中等	很高	低	高
频率	间歇性	间歇性	连续性	连续性
延迟	中到高	中到高	低	低
数据集成	无	无	保证	保证
转换需求	中度	高级	基本	基本
处理开销	高	高	中等	低

在以上四种技术中，EAI 和 CDC 都只移动变化的数据和进行更新，而不是处理整个数据集，从而极大地减少了数据移动量。二者都不需要假设数据源的状态不发生改变，因为它们自己可以维护数据事务的一致性。ETL 适合作为数据仓库数据初步加载时的解决方案，而 EAI 和 CDC 则更适合作为此后的数据连续加载解决方案。

6.3　ETL

本节介绍数据集成的关键技术——ETL，包括 ETL 简介、ETL 基本模块、ETL 模式和 ETL 工具。

6.3.1　ETL 简介

ETL 是将业务系统的数据抽取（Extract）、转换（Transform）之后加载（Load）到数据仓库的过程，目的是将企业中的分散、零乱、标准不统一的数据整合到一起，为企业的决策提供分析依据。

顾名思义，ETL 指从原系统中抽取数据，并根据实际商务需求对数据进行转换，然后把转换结果加载到目标数据存储结构中。源和目标通常都是数据库和文件，但是也可以是其他类型的数据存储，如消息队列。ETL 支持基于数据整合的数据集成。

数据的抽取可以采用周期性的"拉"机制或者事件驱动的"推"机制，两种机制都可以充分利用 CDC 技术。"拉"机制支持数据整合，通常以批处理的方式工作。"推"机制通常采用在线方式工作，可以把数据变化传播到目标数据存储结构。

数据转换可能包括数据重构和整合、数据内容清洗或集成。

数据加载可能会对整个目标数据存储结构进行刷新，也可能只是对目标数据存储结构进行增量更新。这里使用的接口包括一些事实上的标准，如 ODBC、JDBC、JMS，或者本地数据库和应用接口。

早期的 ETL 解决方案通常以固定的周期进行批处理工作，从平面文件和关系数据库中捕捉数据，并把这些数据整合到数据仓库中。最近几年，商业 ETL 工具供应商对产品做了很大的改进，对产品功能进行了扩展，具体介绍如下。

（1）额外的数据源：遗产数据、应用打包、XML 文档、Web 日志、EAI 源、Web 服务和非结构化数据。

（2）额外的数据目标：EAI 目标和 Web 服务。

（3）改进的数据转换功能：用户自定义 EXIT、数据剖析和数据质量管理、支持标准编程语言、DBMS 引擎开发和 Web 服务。

（4）更好的管理：工作计划和追踪、元数据管理和错误恢复。

（5）更好的性能：并行处理、负载平衡、缓存、支持本地 DBMS 应用和数据加载接口。

（6）改进的可用性：更好的可视化开发接口。

（7）增强的安全性：支持外部安全包和外部网。

（8）支持基于数据联邦的数据集成方式。

这些性能上的改进扩展了 ETL 产品的能力，使得 ETL 工具不仅能为数据仓库整合数据，还可以为其他企业数据集成项目服务。

6.3.2　ETL 基本模块

ETL 分为三大模块，分别是数据抽取、数据清洗与转换、数据加载。各模块可灵活进行组合，形成 ETL 处理流程，如图 6-3 所示。

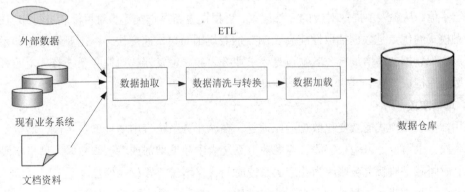

图 6-3　ETL 处理流程

1．数据抽取

该模块主要负责以下三大功能。

（1）确定数据源，即确定从哪些源系统进行数据抽取。

（2）定义数据接口，对每个源文件及系统的每个字段进行详细说明。

（3）确定数据抽取的方法：是主动抽取还是由源系统推送？是增量抽取还是全量抽取？是每日抽取还是每月抽取？

2. 数据清洗与转换

数据清洗主要是对不完整数据、错误数据、重复数据进行处理。

数据转换包括以下操作。

（1）空值处理：捕获字段空值，进行加载或替换为其他含义数据。

（2）数据标准：统一元数据，统一标准字段，统一字段类型定义。

（3）数据拆分：依据业务需求做数据拆分，如把身份证号拆分成地区、出生日期、性别等。

（4）数据验证：使用时间规则、业务规则、自定义规则等对数据进行验证。

（5）数据替换：实现对无效数据、缺失数据的替换。

（6）数据关联：对数据进行关联，保障数据完整性。

3. 数据加载

数据加载是将数据缓冲区中的数据直接加载到数据库对应表中，可以采用全量方式或者增量方式。

6.3.3 ETL 模式

ETL 主要有四种实现模式：触发器、增量字段、全量同步和日志比对。

1. 触发器

触发器是普遍采取的一种增量抽取模式。该模式是根据抽取要求，在要被抽取的源表上建立插入、修改、删除 3 个触发器，每当源表中的数据发生变化，相应的触发器就将变化的数据写入一个增量日志表。ETL 则是从增量日志表中而不是源表中抽取数据。同时，增量日志表中抽取过的数据要及时被标记或删除。

为简单起见，增量日志表一般不存储增量数据的所有字段信息，而只是存储源表名称、更新的关键字值和更新操作类型（insert、update 或 delete），ETL 增量抽取进程首先根据源表名称和更新的关键字值，从源表中提取对应的完整记录，再根据更新操作类型，对目标表进行相应的处理。

这种模式的优点是数据抽取性能高。ETL 加载规则简单，速度快，不需要修改业务系统表结构，可以实现数据的递增加载。其缺点是要求业务表建立触发器，对业务系统有一定的影响，容易对源数据库构成威胁。

2. 增量字段

采用增量字段模式捕获变化数据的原理是，在源业务系统表中增加增量字段，增量字段可以是时间字段，也可以是自增长字段，当源业务系统表中数据增加或者被修改时，增量字段就会产生变化，时间戳字段就会被修改为相应的系统时间，自增长字段就会增加。

ETL 工具每次进行增量数据获取时，只需比对最近一次数据抽取的增量字段值，就能判断出哪些是新增数据，哪些是修改数据。

这种数据抽取模式的优点就是抽取性能比较高，判断过程比较简单。ETL 系统设计清晰，源数据抽取相对简单，可以实现数据的递增加载。其最大的局限性就是由于某些数据库在设计时未考虑增量字段，因此需要对业务系统进行改造，基于数据库其他方面的原因，还有可能出现漏数据的情况。

3. 全量同步

全量同步又叫"全表删除插入方式"，是指每次抽取前先删除目标表数据，抽取时全新加载数据。该模式实际上是将增量抽取等同于全量抽取。在数据量不大，全量抽取的时间代价小于执行增量抽取的算法和条件代价时，可以采用该模式。

这种模式的优点是对已有系统表结构不产生影响，不需要修改业务操作程序，所有抽取规则由 ETL 完成，管理维护统一，可以实现数据的递增加载，没有风险。其缺点是 ETL 比对较复杂，设计较复杂，速度较慢。与触发器和时间戳方式中的主动通知不同，全表删除插入方式是被动地进行全表数据的比对，性能较差。当表中没有主键或唯一列且含有重复记录时，全表删除插入方式的准确性较差。

4. 日志比对

日志比对是通过获取数据库层面的日志来捕获变化的数据，不需要改变源业务系统数据库相关表结构，数据同步的效率比较高，同步的及时性也比较好。其最大的问题就是不同数据库的日志文件结构存在较大的差异性，分析起来难度比较大。同时，日志比对需要具备访问源业务系统数据库日志表文件的权限，存在一定的风险性。所以这种模式有很大的局限性。

日志比对模式中比较成熟的技术是 CDC 技术，其作用是捕获上一次抽取之后产生的数据变化。CDC 对源业务表进行新增、更新和删除等操作时可以捕获相关的数据变化。相对于增量字段模式，CDC 能够较好地捕获删除数据，并写入相关数据库日志表，然后通过视图或其他可操作方式将捕获的变化同步到数据仓库。

这种模式的优点是 ETL 同步效率较高，不需要修改业务系统表结构，可以实现数据的递增加载。其缺点是业务系统数据库版本与产品不统一，实现过程相对复杂。这种模式也通过第三方工具实现，但一般都是商业软件，费用较高。

5. 四种模式的比较

表 6-3 从兼容性、完备性、抽取性能、源库压力、源库改动量、实现难度等不同方面对四种 ETL 模式进行了比较。

表 6-3　　　　　　　　　　　　　　　四种 ETL 模式的比较

ETL 模式	兼容性	完备性	抽取性能	源库压力	源库改动量	实现难度
触发器	关系数据库	高	优	高	高	容易
增量字段	关系数据库，具有字段结构的其他数据格式	低	较优	低	高	容易
全量同步	任何数据格式	高	极差	中	无	容易
日志比对	关系数据库	高	较优	中	中	难

6.3.4　ETL 工具

ETL 是企业数据仓库构建过程中的核心步骤，我们可以借助于 ETL 工具来高效地完成数据抽取、转换和加载工作。之所以需要 ETL 工具，主要有以下几个原因。

（1）当数据来自不同的物理主机时，如果使用 SQL 语句去处理，就显得比较吃力且开销更大。

（2）数据来源可以是不同的数据库或者文件，需要先把它们整理成统一的格式，再进行数据处理。这一过程用代码实现显然有些麻烦。

（3）在数据库中我们当然可以利用存储过程去处理数据，但是，处理海量数据的时候，这样做显然比较吃力，而且会占用较多的数据库资源，可能导致数据库资源不足，进而影响数据库的性能。

在选择 ETL 工具时主要考虑如下因素。

（1）对平台的支持程度。

（2）抽取和加载的性能是不是较高？对业务系统的性能影响大不大？侵入性高不高？

（3）对数据源的支持程度。

（4）是否具有良好的集成性和开放性？

（5）数据转换和加工的功能强不强？

（6）是否具有管理和调度的功能？

目前，市场上主流的 ETL 工具有以下几种。

（1）Kettle。Kettle 是一款国外开源的 ETL 工具，纯 Java 编写，可以在 Windows、Linux、UNIX 上运行，数据抽取高效、稳定。Kettle 的中文含义是"水壶"，该项目的开发者希望把各种数据放到一个壶里，然后以指定的格式流出。第 7 章将对 Kettle 的使用方法进行详细介绍。

（2）DataPipeline。DataPipeline 数据质量平台整合了数据质量分析、质量校验、质量监控等功能，以保证数据质量的完整性、一致性、准确性及唯一性，可以彻底解决数据孤岛和数据定义进化的问题。

（3）Talend。Talend 可运行于 Hadoop 集群之间，直接生成 MapReduce 代码供 Hadoop 运行，从而降低部署难度和成本，加快分析速度。

（4）Informatica Enterprise Data Integration。它包括 Informatica PowerCenter 和 Informatica PowerExchange 两大产品，凭借其高性能、可充分扩展的平台，可以用于几乎所有数据集成项目和企业集成方案。

（5）DataX。DataX 是离线数据同步工具，可以实现 MySQL、Oracle、SQLServer、Postgre SQL、HDFS、Hive、ADS、HBase、TableStore（OTS）、MaxCompute（ODPS）、DRDS 等各种异构数据源之间的高效数据同步。

（6）Oracle GoldenGate。Oracle GoldenGate 是基于日志的结构化数据复制软件，能够实现大量交易数据的实时捕捉、变换和投递，实现源数据库与目标数据库的数据同步，保持亚秒级的数据延迟。

6.4 CDC

变化数据捕捉（Change Data Capture，CDC）可以实现实时高效的数据集成，是实时主动数据仓库连续数据集成的有效解决方案。本节介绍 CDC 的特性、组成、具体应用场景以及需要考虑的问题。

6.4.1　CDC 的特性

CDC 具有以下三个特性。

（1）没有宕机时间。CDC 使得企业可以在操作型系统运行的时候进行变化数据的分发，不需要专门的时间窗口。这也意味着尽可能小地影响甚至根本不影响操作型系统的性能和服务水平。

（2）保持数据新颖性。通过不断地探测数据的变化，CDC 更加频繁地分发新数据，甚至是实时地进行分发，保证为企业用户和决策者提供及时的信息。

（3）减少系统开销。因为只转移变化的数据，显然，CDC 消耗的资源更少，只相当于批量 ETL 所消耗资源的一小部分，极大地降低了硬件、软件和人力资源方面的开销。

6.4.2　CDC 的组成

CDC 包括变化捕捉代理、变化数据服务和变化分发机制三个组成部分。

（1）变化捕捉代理。变化捕捉代理是一个软件组件，它负责确定和捕捉发生在操作型数据存储源系统中的数据变化。可以对变化捕捉代理进行专门的优化，使它适用于特定的源系统，如使用数据库触发器；也可以使用通用的方法，如数据日志比对。

（2）变化数据服务。变化数据服务为变化数据捕捉的成功实现提供了一系列重要的功能，包括过滤、排序、附加数据、生命周期管理和审计等，如表 6-4 所示。

表 6-4　　　　　　　　　　　　　　变化数据服务提供的功能

功能	说明
过滤	确保只接收已经提交的数据
排序	接收数据时基于事务、表或时间戳进行排序
附加数据	为分发的变化增加一些参考数据，以便对数据进行进一步的处理
生命周期管理	在多长时间内应用可以得到变化的数据，多长时间以后丢弃所分发的数据
审计	允许对系统的端到端行为的监听和对趋势的检查

（3）变化分发机制。变化分发机制负责把变化分发到变化的消费者（通常是 ETL 程序）那里。变化分发机制可以支持一个或多个消费者，并且提供了灵活的数据分发方式，包括"推"（push）和"拉"（pull）。pull 方式需要消费者周期性地发送请求，通常采用标准接口实现，如 ODBC 或 JDBC。push 方式需要消费者一直监听和等待变化的发生，一旦捕捉到变化，就立刻转移变化的数据，通常采用消息中间件来实现。变化分发机制的另一个重要功能就是提供动态返回和请求旧的变化的能力，从而完成重复处理和恢复处理等任务。

6.4.3　CDC 的具体应用场景

CDC 有两个典型的应用场景：面向批处理的 CDC（pull CDC）和面向实时的 CDC（push CDC）。

1. 面向批处理的 CDC

在这种场景中，ETL 工具周期性地请求变化，每次都接收批量数据，这些批量数据是在上次请求和这次请求之间所捕捉到的变化。变化分发请求可以采取不同的频度，如一天两次或每隔 15 分钟 1 次。

对于许多组织而言，提供变化数据的一种比较好的方式是采用数据表记录的形式。这种方式可以使 ETL 工具通过标准接口（如 ODBC）无缝访问变化数据。CDC 则需要维护上次变化分发的位置和分发新的变化。

这种应用场景和传统的 ETL 很相似，不同的是，pull CDC 只需要转移变化的数据，并不需要转移所有的数据，这就极大地减少了资源消耗，也消除了传统 ETL 过程的死机时间。

面向批处理的 CDC 技术简单，很容易实现。当企业对时间延迟以分或小时来进行衡量时，采取这种方式是可行的。

2. 面向实时的 CDC

这种场景满足零延迟的要求，变化分发机制一旦探测到变化，就把变化 push 给 ETL 程序。这通常是通过可靠的传输机制来实现的，如事件分发机制和消息中间件（如 MQ Series）。

虽然面向消息和面向事件的集成方法在 EAI 产品中更为常见，但现在已经有很多 ETL 工具厂商在它们的解决方案中提供这种功能，以满足高端、实时的商务应用需求。当商业智能（Business Intelligence，BI）应用需要零延迟和最新的数据时，这种实时的数据集成方法就是必不可少的。

6.4.4 CDC 需要考虑的问题

显然，CDC 提供了诸多好处，但也有以下几个值得考虑的问题。

（1）变化捕捉方法。目前有很多变化捕捉方法，每种方法的延迟性、可扩展性和对操作型系统的入侵程度各不相同。比较常见的捕捉数据变化的方法包括读取数据库的日志文件、使用数据库触发器、数据比较和在企业程序内编写定制的事件通知等。

（2）对操作型系统的入侵程度。所有的 CDC 解决方案都会对系统造成一定程度的影响，这就使得对操作型系统的入侵程度成为一个很重要的考虑因素。最高级别的入侵是源代码入侵，需要对那些能改变操作型系统数据的应用程序进行代码上的修改。程度稍低的入侵是"进程内"或"地址空间"入侵，这意味着 CDC 解决方案会影响操作型系统的资源使用。这种情况的一个例子是使用数据库触发器，因为数据库触发器是作为操作型系统的一部分来运行的，会共享操作型系统的资源。入侵程度最低的解决方案不会影响应用的操作型数据源。使用数据库日志来捕捉变化就属于这种解决方案。

（3）捕捉延迟。捕捉延迟是选择 CDC 解决方案时最主要的考虑因素。延迟受诸多因素的影响，如变化捕捉方法、对变化的处理和变化分发方式。变化可以周期性、高频率甚至实时地进行分发。但是，要注意到，越是实时的解决方案，对操作型系统的入侵程度就越高。另一个需要考虑的因素是，不同的 BI 应用对延迟的要求也不同，企业应该选择能够进行灵活配置的 CDC 解决方案。

（4）过滤和排序服务。CDC 解决方案应该提供不同的服务来实现对分发数据的过滤和排序。

① 过滤：保证只有需要的变化才被分发。例如，ETL 过程通常只需要已经提交的变化；又如，丢弃冗余变化和只分发最后一次变化能减少处理的开销。

② 排序：定义了变化被分发的顺序。例如，某些 ETL 应用需要以表为单位处理数据，而有些 ETL 应用则需要以工作单元为单位处理数据，一个工作单元可能跨越多个表。

（5）支持多个消费者。捕捉到的变化可能需要被分发给一个以上的消费者，如多个 ETL 进程、数据同步应用和商务活动监测等。CDC 解决方案需要支持多个消费者，每个消费者可能具有不同的延迟要求。

（6）失败和恢复。CDC 解决方案必须保证变化能够被正确地分发，即使系统和网络发生异常。在进行恢复的时候，必须保证变化分发数据流从最近一次的位置开始，而且必须保证在整个分发周期内满足变化的事务一致性。

（7）主机和遗产数据源。BI 产品的性能表现依赖于数据质量。专家估计，主机系统仍然存储了大约 70% 的公司商业信息，主机仍然处理着世界上大量的商业事务。主机数据源通常存储大量的数据，这就更需要有高效的方法来转移数据。此外，比较流行的主机数据源，如 VSAM，是非关系型的，这就给把数据集成到 BI 产品中加大了难度。ETL 工具一般都要求关系型数据源，这就需要把非关系型数据源映射成关系型数据源。

（8）和 ETL 工具的无缝集成。当选择某个 CDC 解决方案时，企业应该考虑该方案与其他 ETL 工具互操作的难易程度。采用标准接口和插件的形式可以降低风险，并加快数据集成进度。

6.5　本章小结

数据集成为分散在企业不同地方的商务数据提供了统一的视图。我们可以使用不同的技术来构建这个统一视图。这个统一视图可以是一个物理数据视图，其中的数据来自多个分散的数据源，并被整合存储到一个集成的数据存储结构中，如数据仓库。统一视图也可以是一个虚拟数据视图，其中的数据分散在多个数据源中，而不是集中存储在一个地方，只有在需要使用这些数据的时候，才临时把它们从多个数据源中抽取出来，并加以适当处理，然后提交给数据请求者。本章介绍了数据集成的概念和技术，并重点介绍了两种代表性的数据集成技术，即 ETL 和 CDC。

6.6　习题

1. 请阐述数据仓库的概念。
2. 传统的数据仓库和实时主动数据仓库有什么区别？
3. 数据集成方式有哪几种？
4. 数据分发方式有哪几种？
5. 数据集成技术有哪几种？
6. 请阐述 ETL 的基本模块及其功能。
7. 请阐述 ETL 的几种模式及各自的优缺点。
8. 请列举具有代表性的 ETL 工具。
9. CDC 技术有哪些特性？
10. CDC 技术有哪几个组成部分？

第7章
ETL 工具 Kettle

Kettle 是一款国外开源的 ETL 工具，使用 Java 语言编写，可以在 Windows、Linux、UUIX 上运行，数据抽取高效、稳定。Kettle 的全称是 "Kettle E.T.T.L. Envirnonment"，它可以实现数据抽取、转换和加载。Kettle 的中文含义是 "水壶"，顾名思义，开发者希望把各种数据放到一个壶里，然后以一种指定的格式流出。

Kettle 包含 Spoon、Pan、Chef、Encr 和 Kitchen 等组件。Spoon 是一个图形用户界面，可以方便、直观地完成数据转换任务。Spoon 可以运行转换（.kst）或者任务（.kjb），其中，转换用 Pan 来运行，任务用 Kitchen 来运行。Pan 是一个数据转换引擎，具备很多功能，比如从不同的数据源读取、操作和写入数据。Kitchen 可以运行使用 XML 或数据资源库描述的任务。通常任务是在规定的时间内用批处理的模式自动运行的。

本章首先介绍 Kettle 的基本概念、基本功能和安装方法，然后通过具体实例来演示如何使用 Kettle 进行数据抽取、转换和加载。

7.1　Kettle 的基本概念

如图 7-1 所示，一个数据抽取过程主要由作业（Job）构成。每个作业由一个或多个作业项（Job Entry）和连接作业项的作业跳（Job Hop）组成。每个作业项可以是一个转换（Transformation）或是另一个作业。一个转换由一个或多个步骤（Step）和连接步骤的跳（Hop）组成。

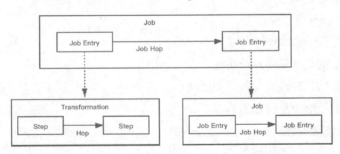

图 7-1　一个数据抽取过程的构成要素

转换主要用于数据的抽取（Extraction）、转换（Transformation）及加载（Load），如读取文件、过滤输出行、数据清洗或加载到数据库等步骤。一个转换包含一个或多个步骤，每个步骤都是单独的线程，当启动转换时，所有步骤的线程几乎并行执行。步骤之间的数据以数据流方式传递。所有的步骤都会从它们的输入跳中读取数据，并把处理过的数据写到输出跳，直到输入跳里不再有数据就终止步骤的运行；当所有步骤都终止了，整个转换就终止了。由于转换里的步骤依赖前一个步骤获取数据，因此转换里不能有循环。

相较于转换，作业是更加高级的操作。作业由一个或多个作业项（作业或转换）组成。所有的作业项是以某种自定义的顺序串行执行的。作业项之间可以传递一个包含了数据行的结果对象。一个作业项执行完成后，再传递结果对象给下一个作业项。作业里可以有循环。

跳是步骤之间带箭头的连接线，它定义了一个单向通道，用于连接两个步骤，以实现数据从一个步骤（写入数据到行集）流向另一个步骤（从行集中读取数据）。跳是两个步骤之间的被称为"行集"（Row Set）的数据行缓存（可以在转换设置中定义行集大小）。若行集满了，则向行集写数据的步骤将停止写入，直到行集里又有空间。若行集空了，则从行集读取数据的步骤就会停止读取，直到行集里又有可读取的数据行。跳对于向行集写入数据的步骤来说是输出跳，一个步骤可以拥有多个输出跳；跳对于从行集中读取数据的步骤来说是输入跳。

作业跳是作业项之间带箭头的连接线，它定义了作业的执行路径。

7.2　Kettle 的基本功能

Kettle 的基本功能包括转换管理和作业管理。转换管理主要包括输入、输出、转换、应用、流程、脚本、查询、连接、作业等功能，表 7-1 列出了常用的转换控件及其相关说明。作业管理主要包括通用、邮件、文件管理、条件、脚本、批量加载等功能，表 7-2 列出了常用的作业控件及其相关说明。

表 7-1　　　　　　　　　　　　　　　　常用的转换控件及其相关说明

转换类别	步骤/控件	相关说明
输入	CSV 文件输入	从本地的 CSV 文件输入数据
	文本文件输入	从本地的文本文件输入数据
	表输入	从数据库的数据表输入数据
	获取系统信息	读取系统信息输入数据
输出	文本文件输出	将处理后的结果输出到文本文件
	表输出	将处理后的结果输出到数据库的数据表
	插入/更新	根据处理后的结果对数据库中的数据表进行插入更新。根据查询条件中的字段判断数据表中是否存在相关记录，若存在，则进行更新，否则进行插入
转换	值映射	数据的映射
	列转行	将数据表的列转换成数据表的行
	去除重复记录	从输入流中去除重复的数据，需要注意的是输入流中的数据必须是已排序的
	唯一行（哈希值）	从输入流中去除重复的数据，不需要对输入流中的数据进行排序
	字段选择	选择需要的字段，过滤掉不要的字段，也可与数据库字段对应

转换类别	步骤/控件	相关说明
转换	拆分字段	将一个字段拆分成多个字段
	排序记录	基于某个字段值对数据进行升序或降序处理
	行转列	将数据表的行转成数据表的列
	增加常量	增加需要的常量字段
应用	替换 NULL 值	若某个字符串的值为 NULL，则指定某个字符串的值进行替换
	设置值为 NULL	若某个字符串的值等于指定的值，则将这个字符串的值设置为 NULL
流程	空操作	不做任何操作，一般充当一个占位符
	过滤记录	根据条件对数据进行过滤分类
脚本	Java	转换的扩展功能，编写 Java 脚本，对数据进行相应的处理
	JavaScript	转换的扩展功能，编写 JavaScript 脚本，对数据进行相应的处理
	执行 SQL 脚本	执行 SQL 脚本，对数据进行相应的处理
查询	HTTP Client	通过一个可以动态设定参数的基本网址调用 HTTP Web 服务
	流查询	将目标表读取到内存，通过查询条件对内存中的数据集进行查询
	数据库查询	根据设定的查询条件对目标表进行查询，返回需要的结果字段
连接	合并记录	合并两个数据流，并根据某个关键字排序
	排序合并	合并多个数据流，并且数据的行要基于某个关键字进行排序
作业	复制记录到结果	将数据写入正在执行的任务
	获取变量	获取环境或 Kettle 变量
	设置变量	设置环境变量

表 7-2 常用的作业控件及其相关说明

作业类别	步骤/控件	相关说明
通用	Start	作业执行的开始
	Dummy	作业执行的结束
	作业	使用新的作业执行之前已定义好的作业
	成功	提示作业执行成功
	转换	使用作业执行之前已定义好的转换流程
邮件	POP 收信	通过设置好的 POP 服务器地址收取邮件
	发送邮件	发送作业执行成功或者失败的邮件
文件管理	创建文件	创建一个新的文件，若文件名已经存在，则提示创建失败并退出
	删除文件	删除指定文件名的文件，若不存在指定的文件名称，则提示删除失败
	复制文件	将源文件的内容复制到新创建的文件中或替换已存在的文件
	比较文件	比较两个文件的内容
	移动文件	将文件移动到另一个目录下
	解压缩文件	对作业文件进行解压缩或压缩操作

续表

、作业类别	步骤/控件	相关说明
条件	检查表是否存在	检查数据库中的数据表是否存在
	检查一个文件是否存在	检查指定的文件是否存在
脚本	JavaScript	编写 JavaScript 脚本，进行相应的数据处理
	Shell	编写 Shell 脚本，进行相应的数据处理
	SQL	编写 SQL 脚本，进行相应的数据处理
批量加载	MySQL 批量加载	将本地文件中的数据批量加载到 MySQL 数据库中
	SQLServer 批量加载	将本地文件中的数据批量加载到 SQL Server 数据库中
	从 MySQL 批量导出到文件	将 MySQL 数据库中的数据批量导出到本地文件中

7.3　安装 Kettle

在 Windows 操作系统中打开浏览器，访问 Kettle 官网，下载 Kettle 安装文件 pdi-ce-9.1.0.0-324.zip。也可以直接到本书官网的"下载专区"的"软件"目录中下载 pdi-ce-9.1.0.0-324.zip 文件。

把 pdi-ce-9.1.0.0-324.zip 解压缩到"D:\"目录下（也可以选择其他目录，如"C:\"），会生成一个"data-integration"目录，双击该目录下的 spoon.bat 文件就可以启动 Spoon，启动界面如图 7-2 所示。

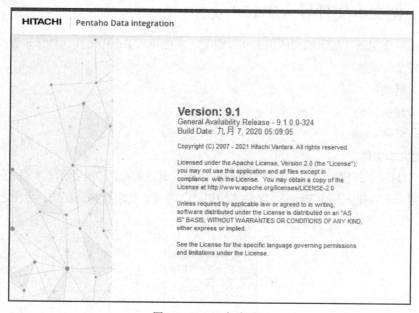

图 7-2　Spoon 启动界面

启动以后的欢迎界面如图 7-3 所示。

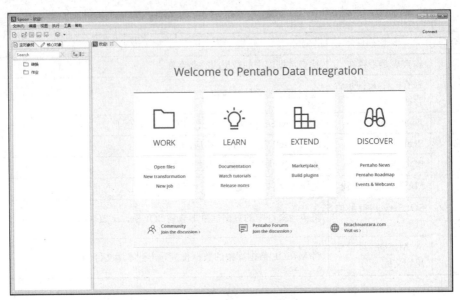

图 7-3　Spoon 启动以后的欢迎界面

7.4　数据抽取

本书给出数据抽取的三个实例，即把文本文件导入 Excel 文件、把文本文件导入 MySQL 数据库、把 Excel 文件导入 MySQL 数据库。

7.4.1　把文本文件导入 Excel 文件

下面给出一个实例，演示如何使用 Kettle 把文本文件导入 Excel 文件，具体步骤如下。

（1）创建文本文件。

（2）建立转换。

（3）设计转换。

（4）执行转换。

1. 创建文本文件

在 "D:\" 目录下新建一个文本文件 studentinfo.txt，其内容如图 7-4 所示。文件的第 1 行是字段名称，包括 sno、name、sex 和 age，字段之间用 "|" 隔开；其余行都是记录，字段之间也用 "|" 隔开。

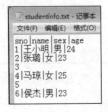

图 7-4　studentinfo.txt 文件内容

2．建立转换

如图 7-5 所示，在 Spoon 主窗口的"主对象树"选项卡中，右键单击"转换"，在弹出的菜单中单击"新建"。单击 Spoon 主窗口左上角的"保存"图标，把这个转换保存到某个路径下，并命名为"text_to_excel"。

3．设计转换

在"核心对象"选项卡中的"输入"控件里把"文本文件输入"控件图标拖到右侧设计区域，在"输出"控件里把"Excel 输出"控件图标拖到右侧设计区域，然后为这两个控件建立连线，如图 7-6 所示，这里的连线就是前文介绍过的"跳"。为这两个控件建立连线的方法是，按住键盘上的 Shift 键，单击"文本文件输入"控件图标，再单击"Excel 输出"控件图标，最后单击空白区域。

图 7-5　建立转换

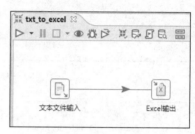

图 7-6　放置两个控件

双击设计区域的"文本文件输入"控件图标，打开设置窗口，单击"文件"选项卡，再单击"文件或目录"右侧的"浏览"按钮，如图 7-7 所示，把 studentinfo.txt 文件添加进来，然后单击"增加"按钮，studentinfo.txt 文件就会出现在"选中的文件"中，如图 7-8 所示。

如图 7-9 所示，在"内容"选项卡中把"分隔符"设置为"|"，编码方式设置为"GB2312"。

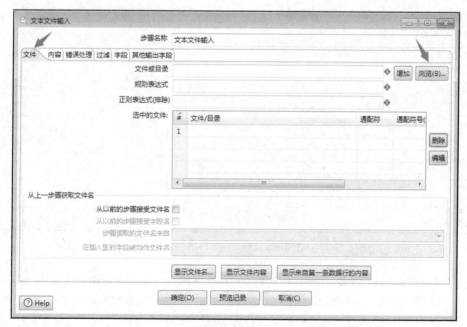

图 7-7　添加文件

图 7-8　添加文件后的效果

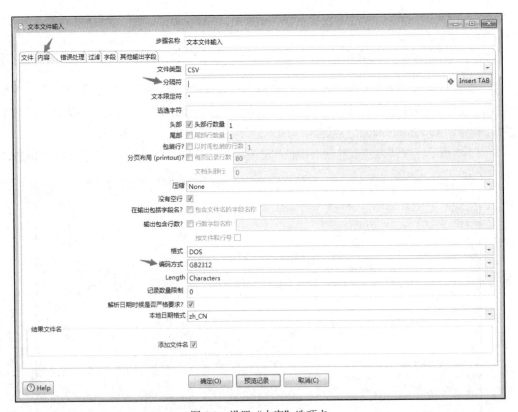

图 7-9　设置"内容"选项卡

如图 7-10 所示，在"字段"选项卡中单击"获取字段"按钮，会弹出图 7-11 所示的对话框，直接单击"确定"按钮，会得到图 7-12 所示结果。这时，单击窗口底部的"预览记录"按钮，就可以看到图 7-13 所示的数据。最后，单击窗口底部的"确定"按钮，完成"文本文件输入"控件的设置。

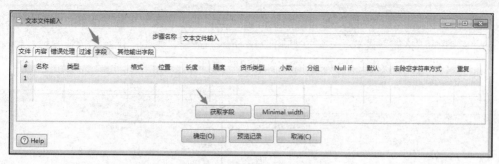

图 7-10　设置"字段"选项卡

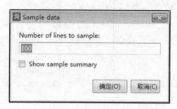

图 7-11　设置样本数据行数

图 7-12　设置结果

　　双击设计区域的"Excel 输出"控件图标，打开设置窗口，如图 7-14 所示，在"文件"选项卡中，设置"文件名"为"D:\file"。

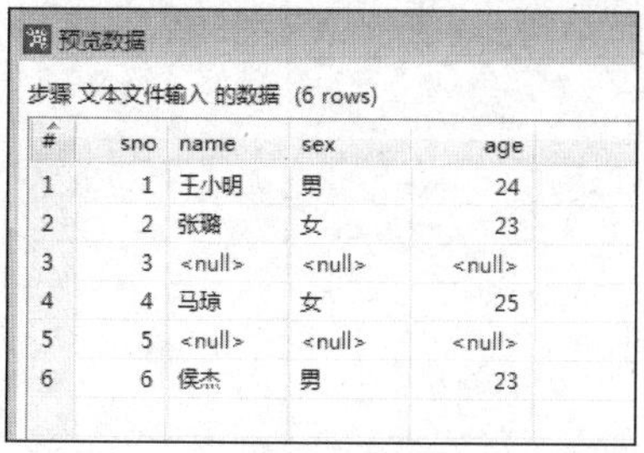

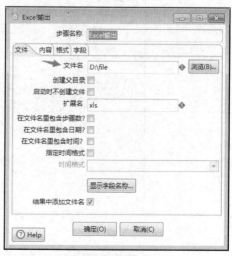

图 7-13　预览数据

图 7-14　设置文件名

如图 7-15 所示，在"字段"选项卡中单击选项卡底部的"获取字段"按钮，然后把"sno"和"age"字段的"格式"设置为"#"，如图 7-16 所示。最后，单击"确定"按钮完成"Excel 输出"控件的设置。全部设置完成以后，需要保存设计文件。

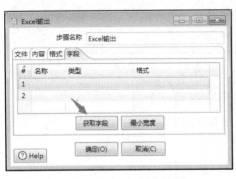

图 7-15 设置"字段"选项卡

图 7-16 设置结果

4. 执行转换

如图 7-17 所示，在设计区域中单击三角形按钮开始执行转换，弹出图 7-18 所示窗口，单击"启动"按钮，如果转换执行成功，会显示图 7-19 所示的效果，在两个控件图标上都会显示绿色的钩号。这时，到 D 盘根目录下就可以看到新生成的文件 file.xls。可以使用 Excel 软件打开 file.xls 查看内容，如图 7-20 所示。

图 7-17 执行转换

图 7-18 转换启动窗口

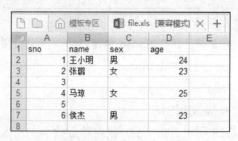

图 7-19　转换执行成功的效果　　　　图 7-20　file.xls 文件内容

7.4.2　把文本文件导入 MySQL 数据库

下面给出一个实例，演示如何使用 Kettle 把文本文件导入 MySQL 数据库，具体步骤如下。

（1）创建文本文件。

（2）创建数据库。

（3）建立转换。

（4）建立数据库连接。

（5）设计转换。

（6）执行转换。

1．创建文本文件

在"D:\"目录下创建一个文本文件 book.txt，其内容如图 7-21 所示。在这个文件中，第 1 行是字段名称，包括 no、author、price 和 amount，字段之间用"|"隔开；其余行都是记录，字段之间也用"|"隔开。

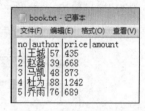

2．创建数据库

这里使用 MySQL 数据库管理数据，请参考第 2 章的内容完成 MySQL 数据库的安装，并学习其基本使用方法。此外，为了让 Kettle

图 7-21　book.txt 文件内容

能够顺利连接 MySQL 数据库，还需要为 Kettle 提供 MySQL 数据库的驱动程序。可以访问 MySQL 官网下载驱动程序压缩文件 mysql-connector-java-8.0.23.tar.gz，也可以到本书官网下载。然后，对该压缩文件进行解压缩，在解压缩后的目录中找到文件 mysql-connector-java-8.0.23.jar，把这个文件复制到 Kettle 安装目录的 lib 子目录下（如"D:\data-integration\lib"）。

在 Windows 操作系统中启动 MySQL 服务进程，打开 MySQL 命令行窗口，执行如下 SQL 语句创建数据库：

```
CREATE DATABASE kettle;
```

继续执行如下 SQL 语句创建 book 表：

```
USE kettle;
#------------创建表book
DROP TABLE IF EXISTS book;
CREATE TABLE book(
no int,
author VARCHAR(10),
price int,
amount int
);
```

3. 建立转换

如图 7-22 所示，在 Spoon 主窗口的"主对象树"选项卡中，右键单击"转换"，在弹出的菜单中单击"新建"。单击 Spoon 主窗口左上角的"保存"图标，把这个转换保存到某个路径下，并命名为"text"。

4. 建立数据库连接

如图 7-23 所示，在"主对象树"选项卡中，双击"DB 连接"。

图 7-22　建立转换

图 7-23　创建"DB 连接"

如图 7-24 所示，在弹出的对话框中，左侧的类型选择"一般"，"连接名称"设置为"mysql"，在"连接类型"下面选择"MySQL"，"连接方式"选择"Native（JDBC）"，设置"主机名称"为"localhost"，"数据库名称"设置为"kettle"，"端口号"设置为"3306"，"用户名"设置为"root"，"密码"设置为"123456"（这个密码要设置成自己的数据库密码）。最后，单击"测试"按钮。要确保测试成功才能进行后续操作。

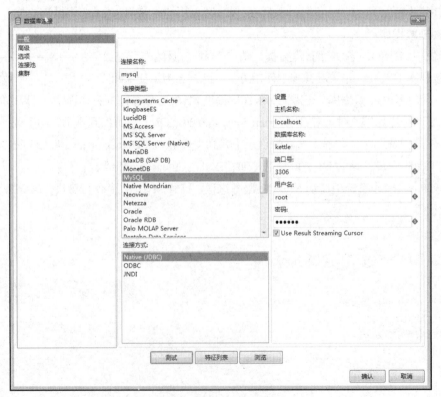

图 7-24　建立数据库连接

5. 设计转换

在"核心对象"选项卡中的"输入"控件里把"文本文件输入"控件图标拖到右侧设计区域，在"输出"控件里把"表输出"控件图标拖到右侧设计区域，然后为这两个控件建立连线，如图 7-25 所示。

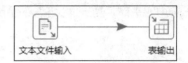

图 7-25　放置两个控件

双击设计区域的"文本文件输入"控件图标，打开设置窗口，如图 7-26 所示，单击"文件或目录"右侧的"浏览"按钮，把 book.txt 文件添加进来，然后单击"增加"按钮。添加文件后的效果如图 7-27 所示。

图 7-26　添加文件

图 7-27　添加文件后的效果

单击"内容"选项卡，如图 7-28 所示，设置"文件类型"为"CSV"，设置"分隔符"为"|"，选中"头部"复选框，"头部行数量"设置为"1"，"编码方式"设置为"UTF-8"。

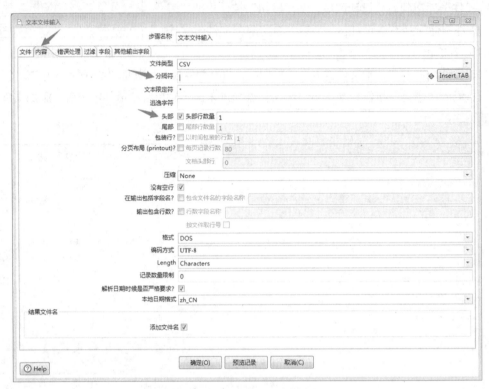

图 7-28　设置"内容"选项卡

单击"字段"选项卡，如图 7-29 所示，再单击选项卡底部的"获取字段"按钮，让 Kettle 自动从 book.txt 中提取字段。弹出图 7-30 所示对话框，直接单击"确定"按钮返回"字段"选项卡，单击"确定"按钮。

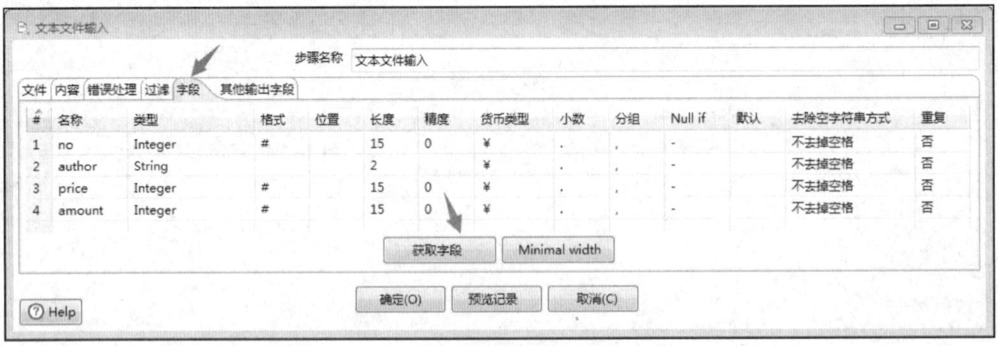

图 7-29　设置"字段"选项卡

双击设计区域的"表输出"控件图标，打开设置窗口，如图 7-31 所示，在"数据库连接"右边的下拉列表中选择"mysql"。单击"目标表"右侧的"浏览"按钮，弹出图 7-32 所示对话框，选中"book"后单击"确定"按钮，返回设置窗口，再单击"确定"按钮，完成设置。全部设置完成以后，需要保存设计文件。

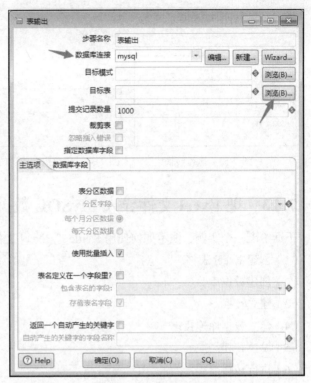

图 7-31　设置窗口

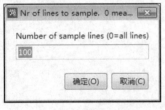

图 7-30　设置取样行数

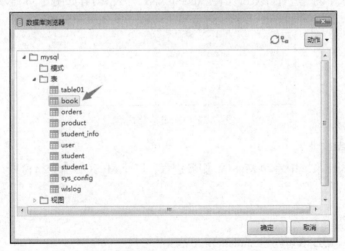

图 7-32　选择 book 表

6. 执行转换

如图 7-33 所示，在设计区域中单击三角形按钮开始执行转换，在弹出的窗口中单击"启动"按钮，如果转换执行成功，会显示图 7-34 所示的效果，在两个控件图标上都会显示绿色的钩号。

这时，到 MySQL 命令行窗口中执行如下 SQL 语句查看数据库中的数据：

```
mysql> USE kettle;
mysql> SELECT * FROM book;
```

执行结果如图 7-35 所示。

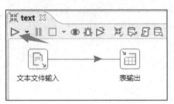

图 7-33　执行转换

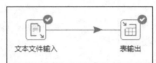

图 7-34　转换执行成功的效果

图 7-35　执行结果

7.4.3　把 Excel 文件导入 MySQL 数据库

下面给出一个实例，演示如何使用 Kettle 把 Excel 文件导入 MySQL 数据库，具体步骤如下。

（1）创建 Excel 表格。

（2）创建数据库。

（3）建立转换。

（4）建立数据库连接。

（5）设计转换。

（6）执行转换。

1.　创建 Excel 表格

在 "D:\" 目录下新建一个 Excel 文件 Student.xlsx，表格内容如图 7-36 所示。

图 7-36　Excel 表格内容

2.　创建数据库

在 Windows 操作系统中启动 MySQL 服务进程，打开 MySQL 命令行窗口，执行如下 SQL 语句创建数据库：

```
CREATE DATABASE kettle;
```

继续执行如下 SQL 语句创建 student_info 表：

```
USE kettle;
#------------创建表 student_info
DROP TABLE IF EXISTS student_info;
CREATE TABLE student_info(
sno int,
sname VARCHAR(10),
ssex VARCHAR(2),
sage int
);
```

3. 建立转换

如图 7-37 所示，在 Spoon 主窗口的"主对象树"选项卡中，右键单击"转换"，在弹出的菜单中单击"新建"。单击 Spoon 主窗口左上角的"保存"图标，把这个转换保存到某个路径下，并命名为"excel"。

4. 建立数据库连接

如图 7-38 所示，在"主对象树"选项卡中，双击"DB 连接"。

图 7-37　建立转换

图 7-38　创建"DB 连接"

如图 7-39 所示，在弹出的对话框中，左侧的类型选择"一般"，"连接名称"设置为"mysql"，在"连接类型"下面选择"MySQL"，"连接方式"选择"Native（JDBC）"，设置"主机名称"为"localhost"，"数据库名称"设置为"kettle"，"端口号"设置为"3306"，"用户名"设置为"root"，"密码"设置为"123456"（这个密码要设置成自己的数据库的密码）。最后，单击"测试"按钮。要确保测试成功才能进行后续操作。

图 7-39　建立数据库连接

5. 设计转换

在"核心对象"选项卡中的"输入"控件里把"Excel 输入"控件图标拖到右侧设计区域,在"输出"控件里把"表输出"控件图标拖到右侧设计区域,然后为这两个控件建立连线,如图 7-40所示。

图 7-40　放置两个控件

双击设计区域的"Excel 输入"控件图标,打开设置窗口,如图 7-41 所示,在"表格类型(引擎)"后面的下拉列表中选择"Excel 2007 XLSX(Apache POI)",在"文件或目录"右侧单击"浏览"按钮,把 Student.xlsx 文件添加进来,然后,单击"增加"按钮,文件就会出现在"选中的文件"区域,如图 7-42 所示。

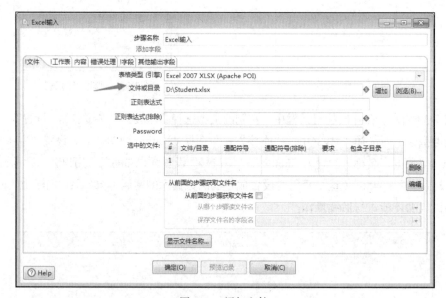

图 7-41　添加文件

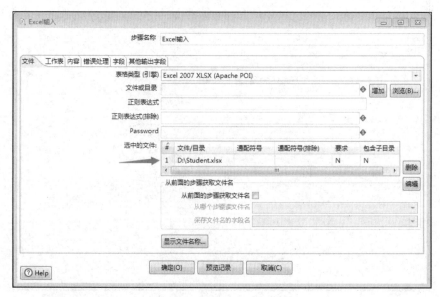

图 7-42　添加文件后的效果

在图 7-42 所示窗口中单击"工作表"选项卡，如图 7-43 所示，单击选项卡底部的"获取工作表名称"按钮。在弹出的窗口中选中"可用项目"中的"Sheet1"，单击右箭头按钮，把"Sheet1"导入右侧的"你的选择"区域，如图 7-44 所示，然后单击"确定"按钮。

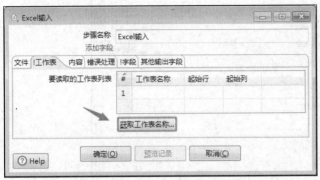

图 7-43　工作表设置　　　　　　　　　　图 7-44　输入列表

单击"字段"选项卡，如图 7-45 所示，在"名称"和"类型"下面添加 4 个字段的信息，即"sno"为"Integer"类型，"sname"为"String"类型，"ssex"为"String"类型，"sage"为"Integer"类型。这里需要注意的是，该选项卡底部提供了"获取来自头部数据的字段"按钮，单击该按钮，Kettle 会自动从 Excel 表格中提取字段信息，但是，自动提取的结果中字段类型可能不准确，因此，这里建议人工设置字段名称和类型。最后，单击"确定"按钮，完成"Excel 输入"控件的设置。

图 7-45　字段信息设置

在设计区域双击"表输出"控件图标，打开设置窗口，如图 7-46 所示，在"数据库连接"右边的下拉列表中选择刚才设置的数据库连接"mysql"。在"目标表"右侧单击"浏览"按钮，弹出图 7-47 所示的对话框，选中"student_info"后单击"确定"按钮，返回设置窗口，再单击"确定"按钮，完成"表输出"控件的设置。全部设置完成以后，需要保存设计文件。

6. 执行转换

如图 7-48 所示，在设计区域中单击三角形按钮开始执行转换，在弹出的窗口中单击"启动"按钮，如果转换执行成功，会显示图 7-49 所示的效果，在两个控件图标上都会显示绿色的钩号。

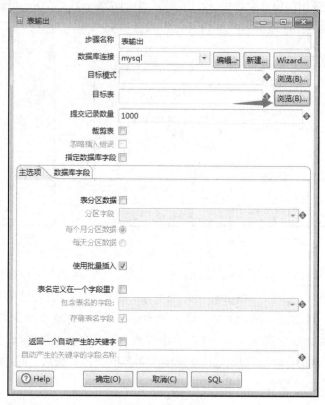

图 7-46　设置窗口

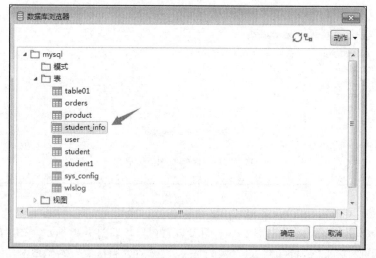

图 7-47　选择 MySQL 数据库中的表

这时，到 MySQL 命令行窗口中执行如下 SQL 语句查看数据库中的数据：

```
mysql> USE kettle;
mysql> SELECT * FROM student_info;
```

执行结果如图 7-50 所示。

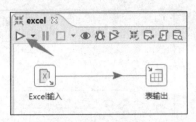

图 7-48　执行转换

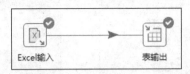

图 7-49　转换执行成功的效果

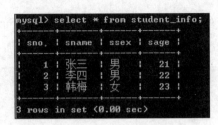

图 7-50　执行结果

7.5　数据清洗与转换

本书给出数据清洗与转换的三个实例，即使用 Kettle 实现数据排序、在 Kettle 中用正则表达式清洗数据、使用 Kettle 去除缺失值、使用 Kettle 转化 MySQL 数据库中的数据。

7.5.1　使用 Kettle 实现数据排序

下面给出一个实例，演示如何使用 Kettle 实现数据排序，具体步骤如下。

（1）创建文本文件。

（2）建立转换。

（3）设计转换。

（4）执行转换。

1．创建文本文件

在 "D:\" 目录下新建一个文本文件 score.txt，其内容如图 7-51 所示。文件的第 1 行是字段名称，包括 name 和 score，字段之间用分号隔开；其余行都是记录，字段之间也用分号隔开。

2．建立转换

如图 7-52 所示，在 Spoon 窗口的 "主对象树" 选项卡中，右键单击 "转换"，在弹出的菜单中单击 "新建"。单击 Spoon 主窗口左上角的 "保存" 图标，把这个转换保存到某个路径下，并命名为 "sort_data"。

3．设计转换

在 "核心对象" 选项卡中的 "输入" 控件里把 "文本文件输入" 控件图标拖到右侧设计区域，在 "转换" 控件里把 "排序记录" 控件图标拖到右侧设计区域，然后为这两个控件建立连线，如图 7-53 所示。

图 7-51　score.txt 文件内容

图 7-52　建立转换

图 7-53　放置两个控件

　　双击设计区域的"文本文件输入"控件图标，打开设置窗口，如图 7-54 所示，再单击"文件或目录"右侧的"浏览"按钮，添加文件 score.txt，然后单击"增加"按钮，效果如图 7-55 所示。

图 7-54　添加文件

图 7-55　添加文件后的效果

在"内容"选项卡中，设置"分隔符"为";"，如图 7-56 所示。

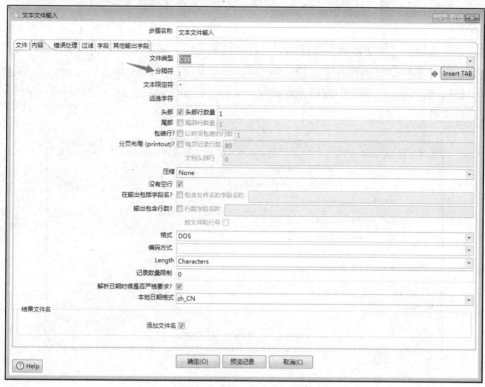

图 7-56 设置"内容"选项卡

如图 7-57 所示，在"字段"选项卡中单击"获取字段"按钮，如图 7-58 所示。

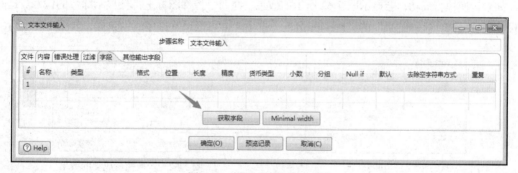

图 7-57 设置"字段"选项卡

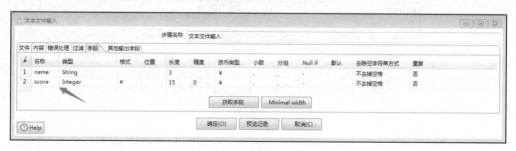

图 7-58 设置结果

这时，单击窗口底部的"预览记录"按钮，就可以预览数据，如图7-59所示。最后，单击窗口底部的"确定"按钮，完成"文本文件输入"控件的设置。

双击设计区域的"排序记录"控件图标，打开设置窗口，如图7-60所示，在"字段名称"下拉列表中选择"score"，在"升序"下拉列表中选择"是"，然后单击"确定"按钮完成设置。全部设置完成以后，需要保存设计文件。

图 7-59　预览数据

图 7-60　设置排序记录

4. 执行转换

如图7-61所示，在设计区域中单击三角形按钮开始执行转换，在弹出的窗口中单击"启动"按钮，如果转换执行成功，会显示图7-62所示的效果，在两个控件图标上都会显示绿色的钩号。这时，在设计区域底部"执行结果"的"Preview data"选项卡中可以预览排序后的数据，如图7-63所示。

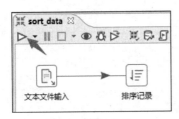

图 7-61　执行转换

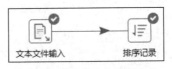

图 7-62　转换执行成功的效果

图 7-63　预览排序后的数据

7.5.2　在 Kettle 中用正则表达式清洗数据

下面给出一个实例，演示如何在 Kettle 中用正则表达式清洗数据，具体步骤如下。

（1）建立转换。

（2）设计转换。

（3）执行转换。

1．建立转换

如图 7-64 所示，在 Spoon 主窗口的"主对象树"选项卡中，右键单击"转换"，在弹出的菜单中单击"新建"。单击 Spoon 主窗口左上角的"保存"图标，把这个转换保存到某个路径下，并命名为"regular_expression"。

图 7-64　建立转换

2．设计转换

在"核心对象"选项卡中的"输入"控件里把"自定义常量数据"控件图标拖到右侧设计区域，在"检验"控件里把"数据检验"控件图标拖到右侧设计区域，在"输出"控件里把"文本文件输出"控件图标拖到右侧设计区域，一共放置两个"文本文件输出"控件。为这四个控件建立连线，如图 7-65 所示。需要注意的是，在"数据检验"控件与"文本文件输出 2"控件之间建立连线时，需要设置为"错误处理步骤"，如图 7-66 所示。在弹出的警告对话框中直接单击"分发"按钮即可，如图 7-67 所示。

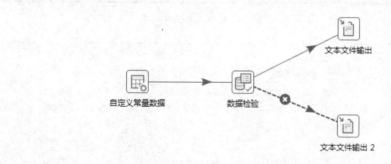

图 7-65　放置四个控件

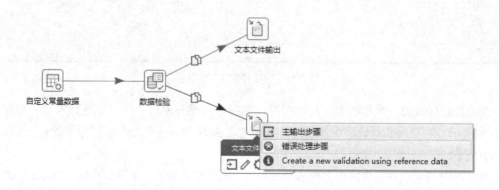

图 7-66　设置为"错误处理步骤"

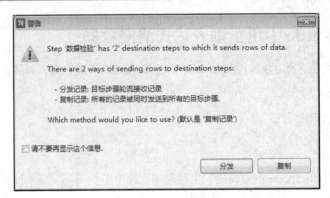

图 7-67　警告

双击设计区域的"自定义常量数据"控件图标，打开设置窗口，在"元数据"选项卡中添加一个元数据，名称为"data"，类型为"Integer"，如图 7-68 所示。在"数据"选项卡中输入一些长度不等的数据，如图 7-69 所示。

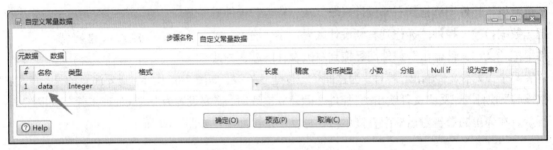

图 7-68　设置"元数据"选项卡

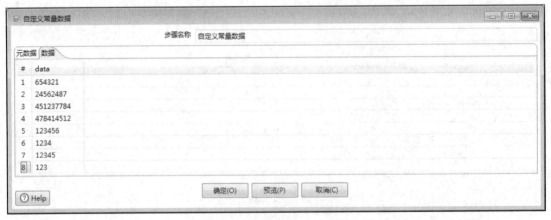

图 7-69　设置"数据"选项卡

双击设计区域的"数据检验"控件图标，在弹出的设置窗口中单击"增加检验"按钮，如图 7-70 所示。在弹出的对话框中设置检验规则的名称为"length"，然后单击"确定"按钮，如图 7-71 所示。

如图 7-72 所示，在设置窗口左侧的"选择一个要编辑的检验"下方，双击"length"，然后在右侧把"检验描述"设置为"length"，把"要检验的字段名"设置为"data"，把"合法数据的正则表达式"设置为"\d{3,5}"，表示只输出长度为 3～5 位的数据。

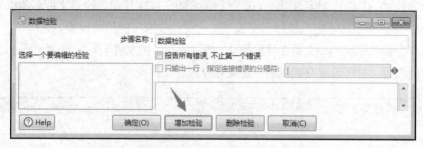

图 7-70　增加检验

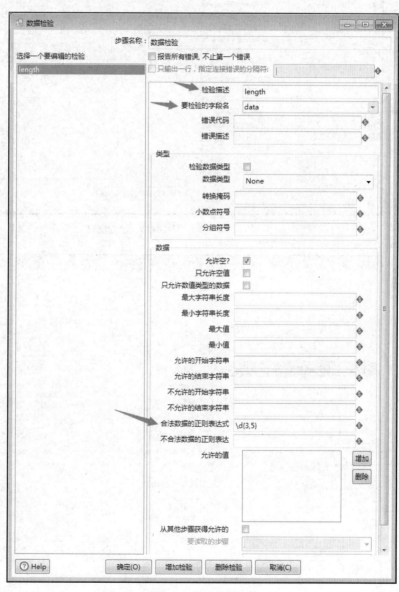

图 7-72　设置数据检验

图 7-71　设置检验规则名称

双击设计区域的"文本文件输出"控件图标，打开设置窗口，如图 7-73 所示。在"文件"选项卡中，单击"文件名称"右侧的"浏览"按钮，在弹出的窗口中设置保存路径（如 C 盘根目录）和文件名称（如"result"），然后单击"OK"按钮，如图 7-74 所示。设置文件名称以后的效果如图 7-75 所示。然后单击"确定"按钮，完成"文本文件输出"控件的设置。

同理，双击设计区域的"文本文件输出 2"控件图标，把文件名称设置为"result2"。这样就完成了所有的设置。全部设置完成以后，需要保存设计文件。

图 7-73　设置窗口

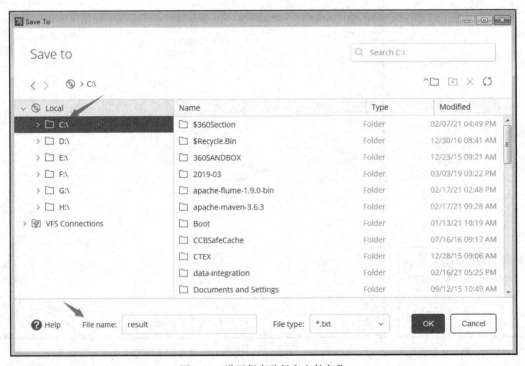

图 7-74　设置保存路径和文件名称

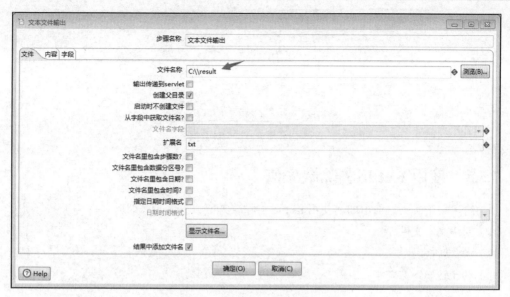

图 7-75　设置文件名称以后的效果

3. 执行转换

如图 7-76 所示，在设计区域中单击三角形按钮开始执行转换，在弹出的窗口中单击"启动"按钮，如果转换执行成功，会显示图 7-77 所示的效果，在所有控件图标上都会显示绿色的钩号。这时，在设计区域底部"执行结果"的"Preview data"选项卡中可以预览过滤后的数据，如图 7-78 所示。这时，到 C 盘根目录下，就可以看到两个文本文件，即 result.txt 和 result2.txt，里面分别保存了过滤后的数据和被过滤掉的数据。

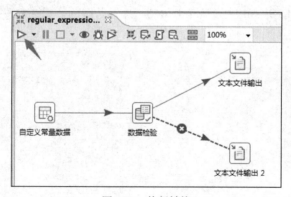

图 7-76　执行转换

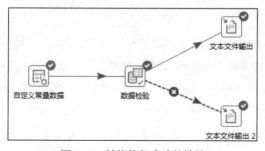

图 7-77　转换执行成功的效果

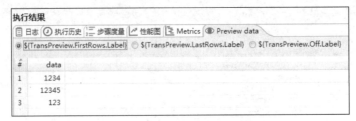

图 7-78　预览过滤后的数据

7.5.3　使用 Kettle 去除缺失值

下面给出一个实例，演示如何使用 Kettle 去除缺失值，具体步骤如下。

（1）创建文本文件。

（2）建立转换。

（3）设计转换。

（4）执行转换。

1. 创建文本文件

在"D:\"目录下新建一个文本文件 people.txt，其内容如图 7-79 所示。文件的第 1 行是字段名称，包括 id、name、sex 和 age，字段之间用"|"隔开；其余行都是记录，字段之间也用"|"隔开。由于某些原因，第 3 条、第 5 条和第 8 条记录的 sex 字段没有值，第 7 条记录的 age 字段没有值。

2. 建立转换

如图 7-80 所示，在 Spoon 主窗口的"主对象树"选项卡中，右键单击"转换"，在弹出的菜单中单击"新建"。单击 Spoon 主窗口左上角的"保存"图标，把这个转换保存到某个路径下，并命名为"del_duplicate"。

图 7-79　people.txt 文件内容

图 7-80　建立转换

3. 设计转换

在"核心对象"选项卡中的"输入"控件里把"文本文件输入"控件图标拖到右侧设计区域，在"转换"控件里把"字段选择"控件图标拖到右侧设计区域，在"流程"控件里把"过滤记录"控件图标和"空操作(什么也不做)"控件图标拖到右侧设计区域，在"输出"控件里把"Excel 输出"控件图标拖到右侧设计区域，然后为各个控件建立连线，如图 7-81 所示。

双击设计区域的"文本文件输入"控件图标，打开设置窗口，如图 7-82 所示，单击"文件或目录"右侧的"浏览"按钮，把文件 people.txt 添加进来，然后单击"增加"按钮，这时在"选中的文件"区域就会增加一行记录，如图 7-83 所示。

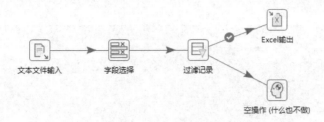

图 7-81　放置 5 个控件

图 7-82　添加文件

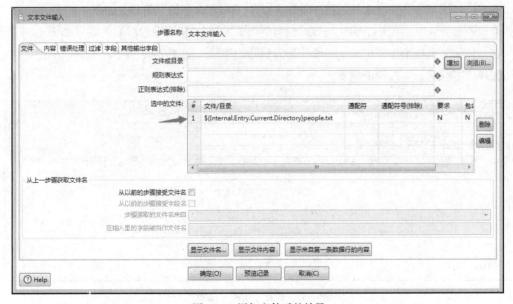

图 7-83　添加文件后的效果

如图 7-84 所示，在"内容"选项卡中设置"文件类型"为"CSV"，设置"分隔符"为"|"。

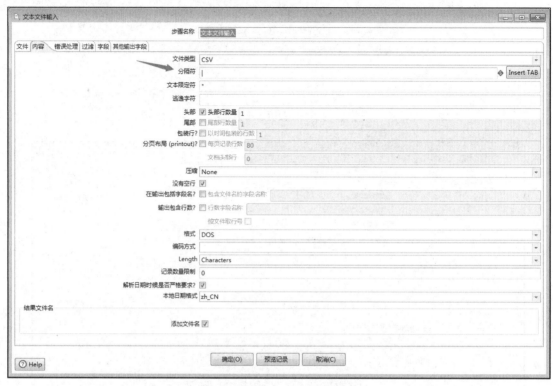

图 7-84   设置"内容"选项卡

如图 7-85 所示，在"字段"选项卡中单击"获取字段"按钮，设置结果如图 7-86 所示。最后，单击"确定"按钮完成"文本文件输入"控件的设置。

双击设计区域的"字段选择"控件图标，打开"选择/改名值"窗口，如图 7-87 所示。在"选择和修改"选项卡中，单击右侧的"获取选择的字段"按钮，获取字段以后的效果如图 7-88 所示。

在"移除"选项卡中，把 sex 字段设置为移除的字段，如图 7-89 所示。最后，单击"确定"按钮完成"字段选择"控件的设置。

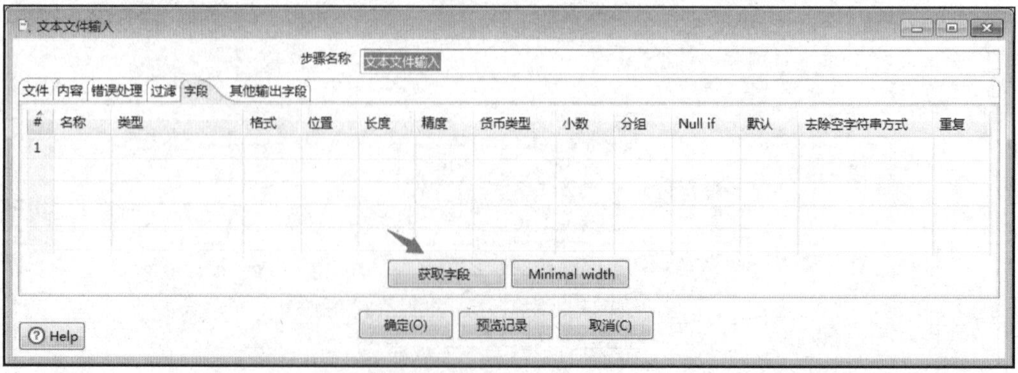

图 7-85   设置"字段"选项卡

图 7-86　设置结果

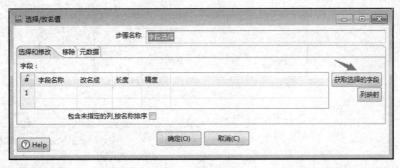

图 7-87　"选择/改名值"窗口

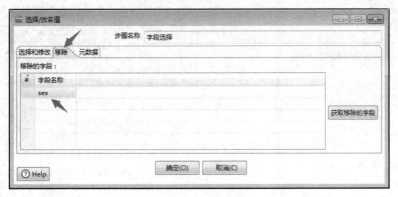

图 7-88　获取字段以后的效果

图 7-89　设置移除的字段

双击设计区域的"过滤记录"控件图标，打开设置窗口，如图 7-90 所示。在"条件"下方设置过滤的条件，过滤掉有缺失值的字段，也就是"age"字段。单击"<field>"，弹出图 7-91 所示的窗口，选中"age"字段后单击"确定"按钮返回。

在图 7-92 所示的窗口中单击"="，弹出图 7-93 所示窗口，选择"IS NULL"以后单击"确定"按钮返回，此时的效果如图 7-94 所示。

图 7-90　设置窗口

图 7-91　选择一个字段

图 7-92　设置函数

图 7-93　选择函数

图 7-94　设置完成后的效果

最后，如图 7-95 所示，把 "发送 true 数据给步骤" 设置为 "空操作(什么也不做)"，把 "发送 false 数据给步骤" 设置为 "Excel 输出"。单击 "确定" 按钮完成 "过滤记录" 控件的设置。这时，各个控件连接的效果如图 7-96 所示。

图 7-95　发送 true/false 数据给步骤的设置

图 7-96　完成设置后各个控件连接的效果

双击设计区域的 "Excel 输出" 控件图标，打开设置窗口，如图 7-97 所示，把 "文件名" 设置为 "D:\result"。

图 7-97　设置窗口

如图 7-98 所示，在 "字段" 选项卡中单击 "获取字段" 按钮，获取字段后的效果如图 7-99

所示，然后把字段的"格式"全部设置成"#"。最后，单击"确定"按钮，完成"Excel 输出"控件的设置。全部设置完成以后，需要保存设计文件。

图 7-98　设置"字段"选项卡

图 7-99　获取字段后的效果

4. 执行转换

如图 7-100 所示，在设计区域中单击三角形按钮开始执行转换，在弹出的窗口中单击"启动"按钮，如果转换执行成功，会显示图 7-101 所示的效果，在所有控件图标上都会显示绿色的钩号。

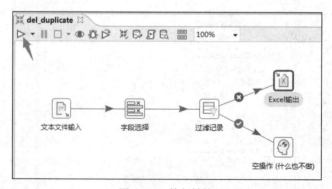

图 7-100　执行转换

这时，就可以在 D 盘根目录下看到一个文件 result.xls。打开文件可以看到图 7-102 所示的内容，可以看出，缺失值都被移除了。

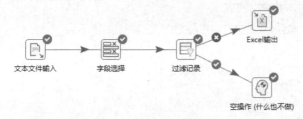

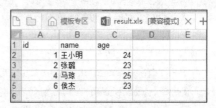

图 7-101　转换执行成功的效果　　　　　图 7-102　result.xls 文件内容

7.5.4　使用 Kettle 转化 MySQL 数据库中的数据

假设有一个数据库 kettle，里面有客户表 user、产品表 product 和订单表 orders。要求以 kettle 数据库作为数据源，使用 Kettle 生成对应的数据文件，找出不同性别、不同年龄、不同职业的用户对哪类产品比较感兴趣，为后续建立数据仓库进行数据挖掘和 OLAP 做准备。

使用 Kettle 转化 MySQL 数据库中的数据包括以下几个步骤。

（1）创建数据库。

（2）建立转换。

（3）建立数据库连接。

（4）设计转换。

（5）执行转换。

1．创建数据库

在 Windows 操作系统中启动 MySQL 服务进程，打开 MySQL 命令行窗口，执行如下 SQL 语句创建数据库：

```
CREATE DATABASE kettle;
```

继续执行如下 SQL 语句创建 user 表、product 表和 orders 表，并插入测试数据：

```
USE kettle;
#------------创建表user
DROP TABLE IF EXISTS user;
CREATE TABLE user (
  userid int(10) DEFAULT NULL COMMENT '用户 ID',
  username varchar(10) DEFAULT NULL COMMENT '用户姓名',
  usersex varchar(1) DEFAULT NULL COMMENT '性别',
  userposition varchar(20) DEFAULT NULL COMMENT '职业',
  userage int(3) DEFAULT NULL COMMENT '年龄'
) ENGINE=InnoDB DEFAULT CHARSET=utf8;
#------------插入数据
INSERT INTO user VALUES ('1', '陈四', '女', '学生', '20');
INSERT INTO user VALUES ('2', '王五', '男', '工程师', '30');
INSERT INTO user VALUES ('3', '李六', '女', '医生', '40');
#------------创建表product
DROP TABLE IF EXISTS product;
CREATE TABLE product (
```

```
  productid int(10) DEFAULT NULL COMMENT '产品ID',
  productname varchar(20) DEFAULT NULL COMMENT '产品名称'
)ENGINE=InnoDB DEFAULT CHARSET=utf8;
#-----------插入数据
INSERT INTO product VALUES ('1', '手机');
INSERT INTO product VALUES ('2', '电脑');
INSERT INTO product VALUES ('3', '水杯');
#-----------创建表orders
DROP TABLE IF EXISTS orders;
CREATE TABLE orders (
  orderid int(10) DEFAULT NULL COMMENT '订单ID',
  userid int(10) DEFAULT NULL COMMENT '用户ID',
  productid int(10) DEFAULT NULL COMMENT '产品ID',
  buytime datetime DEFAULT NULL COMMENT '购买时间'
) ENGINE=InnoDB DEFAULT CHARSET=utf8;
#-----------插入数据
INSERT INTO orders VALUES ('1', '1', '1', '2021-06-01 15:02:02');
INSERT INTO orders VALUES ('2', '1', '2', '2021-06-02 15:02:22');
INSERT INTO orders VALUES ('3', '1', '3', '2021-06-02 15:02:36');
INSERT INTO orders VALUES ('4', '2', '1', '2021-06-06 15:02:52');
INSERT INTO orders VALUES ('5', '3', '2', '2021-06-09 16:55:24');
INSERT INTO orders VALUES ('6', '2', '2', '2021-07-14 14:01:36');
```

2. 建立转换

如图 7-103 所示，在 Spoon 主窗口的"主对象树"选项卡中，右键单击"转换"，在弹出的菜单中单击"新建"。单击 Spoon 主窗口左上角的"保存"图标，把这个转换保存到某个路径下，并命名为"mysql"。

3. 建立数据库连接

如图 7-104 所示，在"主对象树"选项卡中，双击"DB 连接"。

图 7-103　建立转换

图 7-104　双击"DB 连接"

如图 7-105 所示，在弹出的对话框中，左侧的类型选择"一般"，"连接名称"设置为"etl_test"，在"连接类型"下面选择"MySQL"，"连接方式"选择"Native（JDBC）"，设置"主机名称"为"localhost"，"数据库名称"设置为"kettle"，"端口号"设置为"3306"，"用户名"设置为"root"，"密码"设置为"123456"（这个密码要设置成自己的数据库的密码）。最后，单击"测试"按钮。

图 7-105　建立数据库连接

单击"测试"按钮以后，如果出现图 7-106 所示的错误提示信息，则说明 Kettle 中缺少 MySQL 数据库的连接驱动程序 JAR 包。此时，一定要按照 5.5.1 小节中的方法为 Kettle 添加连接驱动程序 JAR 包，添加以后必须重新启动 Kettle 使其生效。

图 7-106　错误提示信息

单击"测试"按钮以后，如果连接成功，则会出现图 7-107 所示对话框，单击"确定"按钮返回，在图 7-105 所示对话框中再单击"确认"按钮。

4. 设计转换

在"核心对象"选项卡中的"输入"控件里"表输入"控件图标拖到右侧设计区域，一共放置 3 个"表输入"控件，如图 7-108 所示。

图 7-107　数据库连接成功

图 7-108　放置 3 个"表输入"控件

在设计区域双击"表输入"控件图标，会弹出图 7-109 所示窗口，设置"步骤名称"为"查询 user 表数据"，"数据库连接"选择"etl_test"，在"SQL"下面的输入框中输入 SQL 语句"SELECT * FROM user"，然后，单击"确定"按钮。

图 7-109　设置"表输入"控件

在设计区域双击"表输入 2"控件图标，会弹出图 7-110 所示窗口，设置"步骤名称"为"查询 product 表数据"，"数据库连接"选择"etl_test"，在"SQL"下面的输入框中输入 SQL 语句"SELECT * FROM product"，然后，单击"确定"按钮。

图 7-110　设置"表输入 2"控件

在设计区域双击"表输入 3"控件图标，会弹出图 7-111 所示窗口，设置"步骤名称"为"查询 orders 表数据"，"数据库连接"选择"etl_test"，在"SQL"下面的输入框中输入 SQL 语句"SELECT
* FROM orders"，然后，单击"确定"按钮。

图 7-111　设置"表输入 3"控件

在"核心对象"选项卡中的"查询"控
件里把"流查询"控件图标拖到右侧的设计
区域，一共放置两个"流查询"控件，然后，
按照图 7-112 所示的效果，为各个控件之间
建立连接。

在设计区域双击"流查询"控件图标，
会弹出图 7-113 所示的窗口，把"步骤名称"
设置为"根据 userid 查询"，在"Lookup step"

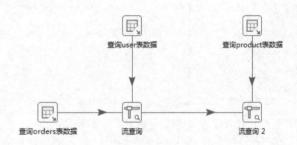

图 7-112　放置两个"流查询"控件

后面的下拉列表中选择"查询 user 表数据"。在"查询值所需的关键字"下面，在"字段"中填
入"userid"，在"查询字段"中填入"userid"。在"指定用来接收的字段"下面，要设置 5 个字
段名称及其类型，具体设置参照表 7-3。设置完成以后，单击"确定"按钮。

图 7-113　设置"流查询"控件

表 7-3   "流查询"控件的字段名称和类型的设置

Field	类型
userid	Integer
username	String
usersex	String
userposition	String
userage	Integer

在设计区域双击"流查询 2"控件图标，会弹出图 7-114 所示的窗口，把"步骤名称"设置为"根据 productid 查询"，在"Lookup step"后面的下拉列表中选择"查询 product 表数据"。在"查询值所需的关键字"下面，在"字段"中填入"productid"，在"查询字段"中填入"productid"。在"指定用来接收的字段"下面，要设置 2 个字段名称及其类型，具体设置参照表 7-4。设置完成以后，单击"确定"按钮。

图 7-114 设置"流查询 2"控件

表 7-4   "流查询 2"控件的字段名称和类型的设置

Field	类型
productid	Integer
productname	String

在"核心对象"选项卡中的"输出"控件里把"文本文件输出"控件图标拖到右侧的设计区域，然后，按照图 7-115 所示的效果，为"文本文件输出"控件与其他控件之间建立连接。

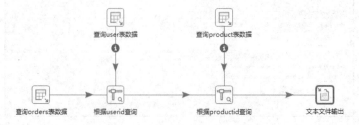

图 7-115 完成设置后各个控件连接的效果

在设计区域双击"文本文件输出"控件图标，会弹出图 7-116 所示窗口，在"文件"选项卡中，单击"文件名称"右侧的"浏览"按钮，设置输出文件为 result。

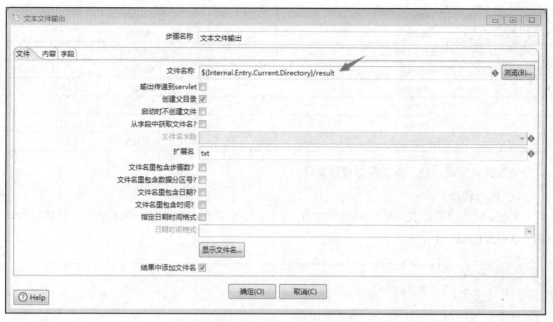

图 7-116　设置"文件"选项卡

单击"字段"选项卡，如图 7-117 所示，按照表 7-5 所示，设置字段的"名称"和"类型"。最后，单击"确定"按钮。

图 7-117　设置"字段"选项卡

表 7-5　　　　　　　　　　　　　　　　　设置字段的名称和类型

名称	类型
userid	Integer
username	String
usersex	String
userposition	String
userage	Integer
orderid	Integer
productid	Integer
buytime	String
productname	String

全部设置完成以后，需要保存设计文件。

5. 执行转换

Kettle 转换全部设置完成后的效果如图 7-118 所示。单击左上角的三角形按钮，开始执行转换，在弹出的窗口中单击"启动"按钮。

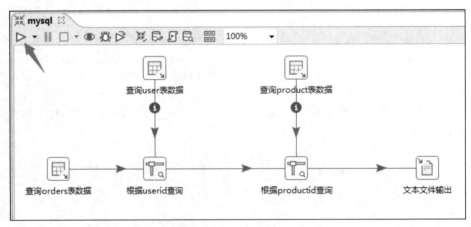

图 7-118　全部设置完成后的效果

如果转换执行成功，会出现图 7-119 所示的效果，所有控件图标上都会显示绿色的钩号。同时，在执行过程中，会返回相关的执行信息，如图 7-120 所示。

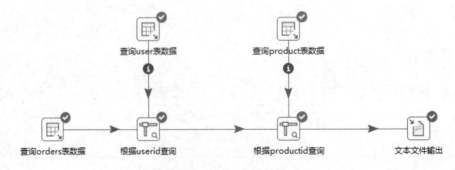

图 7-119　转换执行成功的效果

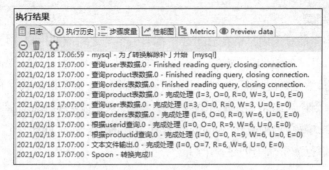

图 7-120　执行过程中返回的信息

这时，打开"D:/result.txt"文件，会看到如下结果：

userid；username；usersex；userposition；userage；orderid；productid；buytime；productname

1；陈四；女；学生；20；1；1；2021/06/01 15:02:02.000000000；手机

1；陈四；女；学生；20；2；2；2021/06/02 15:02:22.000000000；电脑

1；陈四；女；学生；20；3；3；2021/06/02 15:02:36.000000000；水杯

2；王五；男；工程师；30；4；1；2021/06/06 15:02:52.000000000；手机

3；李六；女；医生；40；5；2；2021/06/09 16:55:24.000000000；电脑

2；王五；男；工程师；30；6；2；2021/07/14 14:01:36.000000000；电脑

7.6　数据加载

本节给出数据加载的两个实例，即把本地文件加载到 HDFS 中、把 HDFS 文件加载到 MySQL 数据库中。

7.6.1　把本地文件加载到 HDFS 中

下面通过一个具体实例来介绍如何使用 Kettle 把本地文件加载到 HDFS 中，具体步骤如下。

（1）创建用户主目录。

（2）新建作业并配置 Hadoop。

（3）添加"Start"控件。

（4）添加"Hadoop copy files"控件。

（5）设置"Hadoop copy files"控件的属性。

（6）执行作业并查看结果。

（7）到 HDFS 中查看数据。

这里假设已经创建了一个本地文件 word.txt，该文件包含几行英文语句。请参照第 2 章的内容完成 Hadoop 的安装，并把 Hadoop 安装目录下的 etc\hadoop 子目录（即"C:\hadoop-3.1.3\etc\hadoop"）下的文件 core-site.xml 和 hdfs-site.xml 复制到"D:\data-integration\plugins\pentaho-big-data-plugin\hadoop-configurations\hdp30"目录下。在开始下面的具体操作之前，要先启动 Hadoop。

1. 创建用户主目录

每个操作系统的当前登录用户，在 HDFS 中都有一个与之对应的用户主目录，例如，当前登录 Linux 操作系统的用户名是"Lenovo"，则它在 HDFS 中的用户主目录是"hdfs://localhost:9000/user/Lenovo"。这里要注意，用户名是严格区分字母大小写的，即"Lenovo"和"lenovo"是两个不同的用户。Kettle 要求在 HDFS 中事先设置好用户主目录，以免 Kettle 连接 Hadoop 失败。

可以通过如下方式确定当前登录 Windows 操作系统的用户名。打开一个 cmd 命令行窗口，启动 Hadoop，然后执行如下命令创建一个目录：

```
> cd c:\hadoop-3.1.3\bin
> hadoop fs -mkdir hdfs://localhost:9000/test
```

打开一个浏览器，在浏览器中输入"http://localhost:9870"，进入 Hadoop 的 Web 管理页面，如图 7-121 所示。单击页面右上角的"Utilities"→"Browse the file system"，会出现图 7-122 所示的页面，页面中显示了 HDFS 中的目录和文件信息。找到"test"目录，然后，在"Owner"这一列可以看到用户名，如"Lenovo"，这个用户名就是当前登录 Windows 的用户名。

图 7-121　Hadoop 的 Web 管理页面

确定了当前登录 Windows 的用户名，就可以创建与之对应的 HDFS 中的用户主目录，命令如下：

```
> cd c:\hadoop-3.1.3\bin
> hadoop fs -mkdir -p hdfs://localhost:9000/user/Lenovo
```

这里再次强调，用户名是严格区分字母大小写的，如果弄错了大小写，就会导致 Kettle 连接 Hadoop 失败。

2. 新建作业并配置 Hadoop

在 Spoon 主窗口的顶部菜单栏单击"文件"→"新建"→"作业"（也可以使用 Ctrl+Alt+N 快捷键新建作业），然后保存文件为"local_to_hdfs"。

如图 7-123 所示，在"主对象树"选项卡中，右键单击"Hadoop clusters"，选择"Add driver"，弹出的窗口如图 7-124 所示。单击窗口中的"Browse"按钮，然后选择"D:\data-integration\ADDITIONAL-FILES\drivers"这个目录，如图 7-125 所示，选中 pentaho-hadoop-shims-hdp30-kar-9.1.2020. 09.00-324.kar 这个文件，再单击"打开"按钮，效果如图 7-126 所示。单击窗口中的"Next"按钮，如果成功，就会显示图 7-127 所示的窗口，单击"Close"按钮。

图 7-123　Hadoop clusters 菜单

图 7-124　Add driver 窗口

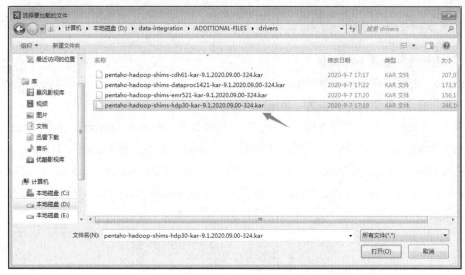

图 7-125　选择文件

图 7-126　添加文件后的效果

在 Spoon 主窗口的"主对象树"选项卡中，右键单击"Hadoop clusters"→"New cluster"，弹出的窗口如图 7-128 所示。在"Cluster name"下面输入 Hadoop 集群的名称，如"Hadoop3"；在"Driver"下面的下拉列表中选择"Hortonworks"，在"Version"下拉列表中选择"3.0"；单击"Site XML files"下面的"Browse to add file(s)"按钮，选择"D:\data-integration\plugins\pentaho-big-data-plugin\hadoop-configurations\hdp30"目录下的 core-site.xml 和 hdfs-site.xml，把两个文件添加进来；在"HDFS"的"Hostname"下边输入"localhost"，"Port"下面输入"9000"（端口号是在第 2 章安装 Hadoop 的时候配置的）。窗口中剩余的其他内容（如 Username、Password、

Jobtracker、Zookeeper、Oozie、Kafka 等）都可以不填写。最后，单击 "Next" 按钮。这里需要注意的是，在单击 "Next" 按钮之前，一定要确保 Hadoop 已经启动。

图 7-127　Add driver 成功

图 7-128　New cluster 窗口

如果 Hadoop 集群连接成功，则会出现图 7-129 所示的窗口。单击 "View test results" 按钮，可以查看连接测试的反馈信息，如图 7-130 所示。如果可以正常连接 HDFS，则在反馈信息中，

"Hadoop file system""Hadoop File System Connection""User Home Directory Access""Root Directory Access"和"Verify User Home Permissions"的前面都会出现绿色的钩号。注意,剩余的其他项(如 Zookeeper、Jobtracker、Oozie、Kafka 等)因为暂时还用不到,没有进行配置,所以前面都是感叹号,可以在需要的时候再进行配置。

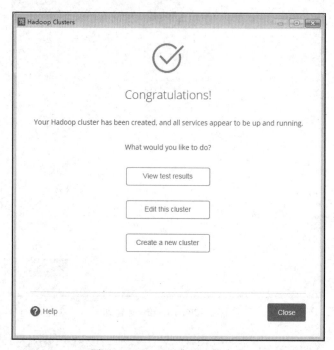

图 7-129　Hadoop 集群连接成功

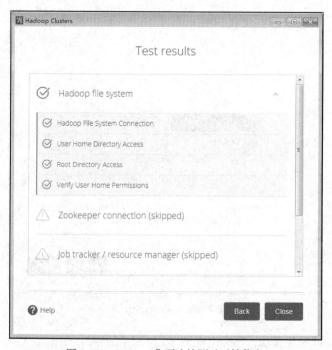

图 7-130　Hadoop 集群连接测试反馈信息

3. 添加 "Start" 控件

在"核心对象"选项卡中的"通用"控件里把"Start"控件图标拖到右侧设计区域，如图 7-131 所示。

图 7-131　添加 "Start" 控件

4. 添加 "Hadoop copy files" 控件

在核心对象选项卡中的 "Big Data" 控件里把 "Hadoop copy files" 控件图标拖到右侧设计区域，如图 7-132 所示。然后，在 "Hadoop copy files" 控件与 "Start" 控件之间建立连线。具体方法是，在 "Hadoop copy files" 控件图标上单击鼠标左键，在弹出的一排操作图标上单击带有箭头的图标，选中 "Hadoop copy files" 控件作为箭头的一端，如图 7-133 所示，然后，移动鼠标，拖出一条灰色的线，如图 7-134 所示，使线的另一端落在 "Start" 控件图标上，再单击鼠标左键，就建立了 "Start" 控件和 "Hadoop copy files" 控件之间的连线，如图 7-135 所示。

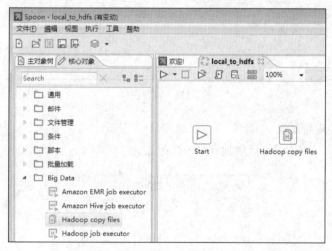

图 7-132　添加 "Hadoop copy files" 控件

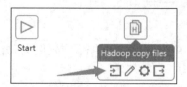

图 7-133　选中 "Hadoop copy files" 控件作为箭头的一端

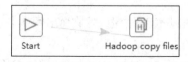

图 7-134　拖出一条灰色的线

图 7-135　在两个控件之间建立连线后的效果

5. 设置"Hadoop copy files"控件的属性

在设计区域的"Hadoop copy files"控件图标上双击，弹出设置窗口，如图 7-136 所示。在"Files"选项卡中，在"Source Environment"下面的下拉列表中选择"Local"；在"源文件/目录"下面设置数据源所在的目录，如"D:/word.txt"；在"Destination Environment"下面的下拉列表中选择"Hadoop3"；在"目标文件/目录"下面设置数据上传到 HDFS 的目录信息，如"/input_kettle"（注意，要事先在 HDFS 中创建该目录）。最后，单击"确定"按钮，返回设计区域，并对当前设计结果进行保存（可以直接按 Ctrl+S 快捷键进行保存）。

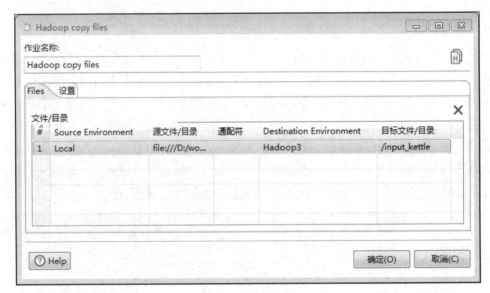

图 7-136　设置窗口

6. 执行作业并查看结果

如图 7-137 所示，单击设计区域顶部的三角形按钮。

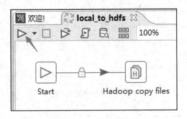

图 7-137　执行作业

单击三角形按钮以后，弹出图 7-138 所示的窗口，单击底部的"执行"按钮即可开始执行作业。

执行后，在设计区域底部可以看到执行结果，如图 7-139 所示。

图 7-138　执行作业窗口

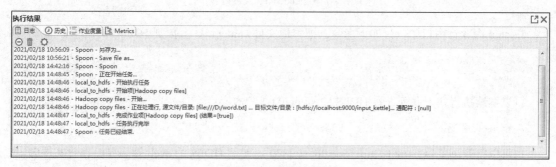

图 7-139　执行结果

7.　到 HDFS 中查看数据

在上面的步骤中，我们把数据源文件 word.txt 通过 Kettle 加载到了 HDFS 的 "/input_kettle"
目录下，因此，可以在 cmd 命令行窗口中使用如下命令进行查看：

```
> cd c:\hadoop-3.1.3\bin
> hadoop fs -ls hdfs://localhost:9000/input_kettle
```

如果已经加载成功，在返回的信息中就可以看到 word.txt 的相关信息。可以继续执行如下命
令查看 word.txt 中的内容：

```
> hadoop fs -cat hdfs://localhost:9000/input_kettle/word.txt
```

此外，也可以通过 Hadoop 的 Web 管理页面查看生成文件。

7.6.2　把 HDFS 文件加载到 MySQL 数据库中

下面给出一个实例，演示如何使用 Kettle 把 HDFS 文件加载到 MySQL 数据库中，具体步骤
如下。

（1）新建 HDFS 文件。

（2）创建数据库。

（3）建立转换。

（4）建立 MySQL 连接和 Hadoop 连接。

（5）设计转换。

（6）执行转换。

1. 新建 HDFS 文件

在 Windows 操作系统中打开一个 cmd 命令行窗口，启动 Hadoop。在"D:\"目录下新建一个文本文件 student.txt，其内容如图 7-140 所示。文件的第 1 行是字段名称，包括 no、name、sex 和 age，字段之间用"|"隔开；其余行都是记录，字段之间也用"|"隔开。

图 7-140　student.txt 文件内容

在 cmd 命令行窗口中执行如下命令，把本地文件 student.txt 上传到 HDFS 系统的根目录下：

```
> cd c:\hadoop-3.1.3\bin
> hadoop fs -put D:\book.txt hdfs://localhost:9000/
```

可以继续执行如下命令查看 HDFS 中 student.txt 的内容：

```
> hadoop fs -cat hdfs://localhost:9000/student.txt
```

也可以打开浏览器，访问"http://localhost:9870"，使用 HDFS 的 Web 管理界面查看文件内容。

2. 创建数据库

在 Windows 操作系统中启动 MySQL 服务进程，打开 MySQL 命令行窗口，执行如下 SQL 语句创建数据库：

```
CREATE DATABASE kettle;
```

继续执行如下 SQL 语句创建 student_table 表：

```
USE kettle;
#------------创建表 student_table
DROP TABLE IF EXISTS student_table;
CREATE TABLE student_table (
no int,
name VARCHAR(10),
sex VARCHAR(2),
age int
);
```

3. 建立转换

如图 7-141 所示，在 Spoon 主窗口的"主对象树"选项卡中，右键单击"转换"，在弹出的菜单中单击"新建"。单击 Spoon 主窗口左上角的"保存"图标，把这个转换保存到某个路径下，并命名为"hdfs_to_mysql"。

图 7-141 建立转换

4. 建立 MySQL 连接和 Hadoop 连接

参照 7.4.2 小节的内容，建立一个名称为"mysql"的数据库连接，如图 7-142 所示。

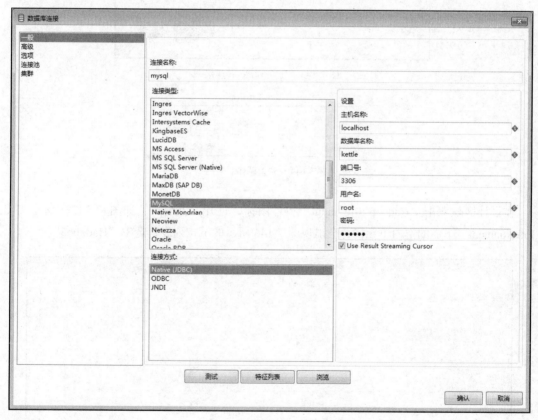

图 7-142 建立数据库连接

参照 7.6.1 小节的内容，建立一个名称为"Hadoop3"的 Hadoop 连接，如图 7-143 所示。

5. 设计转换

在 Spoon 主窗口的"核心对象"选项卡中，从"Big Data"控件里找到"Hadoop file input"控件图标，将其拖到设计区域；从"输出"控件里找到"表输出"控件图标，将其拖到设计区域。为两个控件建立连线，如图 7-144 所示。

图 7-143　建立 Hadoop 连接

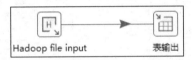

图 7-144　放置两个控件

在设计区域双击"Hadoop file input"控件图标，打开设置窗口，如图 7-145 所示。单击"Environment"下面的空白单元格，会出现图 7-146 所示的下拉列表，选中"Hadoop3"。

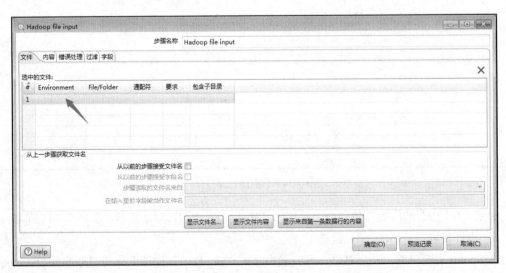

图 7-145　设置窗口

单击"File/Folder"下面的空白单元格，会出现图 7-147 所示的下拉列表，单击省略号按钮，会弹出图 7-148 所示的对话框，选中 HDFS 文件 student.txt，单击 "OK" 按钮返回。

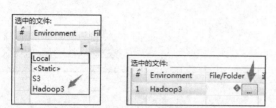

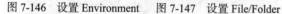

图 7-146　设置 Environment　　图 7-147　设置 File/Folder　　图 7-148　选中 HDFS 文件 student.txt

单击 "内容" 选项卡，如图 7-149 所示，把 "文件类型" 设置为 "CSV"，把 "分隔符" 设置为 "|"，选中 "头部" 复选框，设置 "头部行数量" 为 "1"。

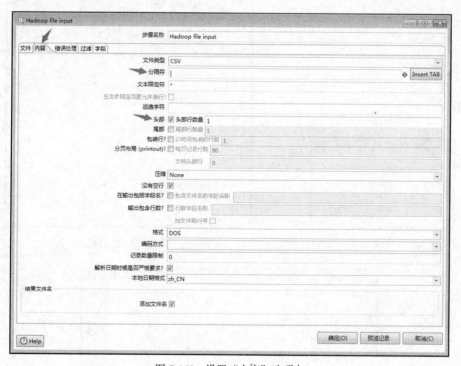

图 7-149　设置 "内容" 选项卡

单击 "字段" 选项卡，如图 7-150 所示，单击选项卡底部的 "获取字段" 按钮，会弹出图 7-151 所示的对话框，直接单击 "确定" 按钮返回 "字段" 选项卡，最后单击 "确定" 按钮。

双击设计区域的 "表输出" 控件图标，打开设置窗口，如图 7-152 所示。在 "数据库连接" 右边的下拉列表中选择 "mysql"。单击 "目标表" 右侧的 "浏览" 按钮，弹出图 7-153 所示对话框，选中 "student_table"，单击 "确定" 按钮返回。再单击 "确定" 按钮，完成设置。全部设置完成以后，需要保存设计文件。

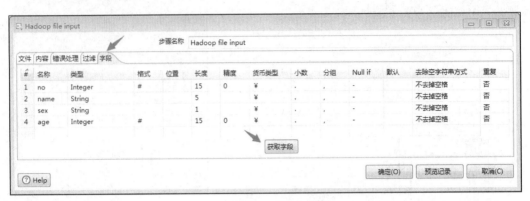

图 7-150　设置"字段"选项卡

图 7-151　设置取样行数　　　　　　　　　　图 7-152　设置窗口

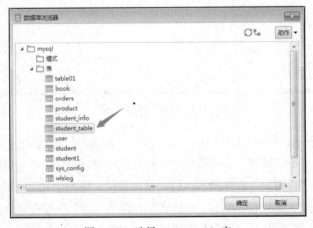

图 7-153　选择 student_table 表

6. 执行转换

如图 7-154 所示，在设计区域中单击三角形按钮开始执行转换，在弹出的窗口中单击"启动"按钮，如果转换执行成功，会显示图 7-155 所示的效果，在两个控件图标上都会显示绿色的钩号。

这时，到 MySQL 命令行窗口中执行如下 SQL 语句查看数据库中的数据：

```
mysql> USE kettle;
mysql> SELECT * FROM student_table;
```

执行结果如图 7-156 所示。

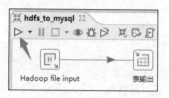

图 7-154　执行转换

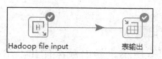

图 7-155　转换执行成功的效果

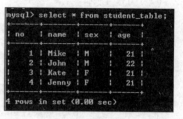

图 7-156　执行结果

7.7　本章小结

在大数据应用系统的构建过程中，数据清洗是一个非常重要的环节。通过使用 ETL 工具，可以大幅提高数据清洗的效率。本章采用开源工具 Kettle 实现数据的 ETL 操作，介绍了 Kettle 的基本概念、基本功能和安装方法，并通过实例演示了使用 Kettle 进行数据抽取、数据清洗与转换、数据加载的具体方法。本章的内容属于比较基础的 Kettle 使用方法，读者如果要学习更加高级、复杂的 Kettle 使用方法，可以参考相关书籍或网络资料。

7.8　习题

1. 请阐述一个数据抽取过程的构成要素。
2. Kettle 包含哪些组件？每个组件的功能是什么？
3. 如何在设计区域为两个控件图标之间建立连线？
4. 在测试 MySQL 数据库连接时，如果连接失败，则可能的原因是什么？
5. 如果在 HDFS 中没有事先建立当前 Windows 用户的主目录，在测试 Hadoop 连接的时候会出现什么错误？

实验 5　熟悉 Kettle 的基本使用方法

一、实验目的

（1）理解 Kettle 核心概念——转换和作业。

（2）熟悉 Kettle 的各种控件。

（3）能熟练地使用 Kettle 解决 ETL 问题。

二、实验平台

（1）操作系统：Windows 7 及以上。

（2）Hadoop 版本：3.1.3。

（3）MySQL 版本：8.0.23。

（4）JDK 版本：1.8。

（5）Kettle 版本：9.1。

三、实验内容

1. 使用 Kettle 完成学生成绩登记需求

假设有一个学生成绩表，如表 7-6 所示，当前被保存在一个 Excel 表格中。

表 7-6　　　　　　　　　　　　　　学生成绩表

stu_no	name	score_math	score_english	score_chinese
1001	张三	98	95	80
1002	李四	88	97	85
1003	王五	58	77	78

（1）在 MySQL 中创建一个名为"school"的数据库，并在 school 数据库中创建一个名为"score"的表，使用 Kettle 将 Excel 形式的学生成绩表导入 MySQL 的 score 表。

（2）现在发现有些同学的成绩登记错误，经统计得到一个成绩修订表，如表 7-7 所示。根据表 7-7 修改 score 表中的成绩。

表 7-7　　　　　　　　　　　　　　成绩修订表

stu_no	name	class	score
1001	张三	英语	92
1002	李四	英语	95
1003	王五	英语	79
1003	王五	数学	60

（3）为数学老师提供一份只有数学成绩的排名表。

2. 使用 Kettle 进行日志分析

分析日志是大数据分析中较为常见的场景。在 UNIX 类操作系统里，Syslog 被广泛应用于系统或应用的日志记录。Syslog 通常被记录在本地文件内，如 Ubuntu 的/var/log/syslog 文件，也可以被发送给远程 Syslog 服务器。Syslog 一般包括产生日志的时间、主机名、程序模块、进程名、进程 ID、严重性和日志内容。具体的日志内容举例如下：

```
Jun 01 17:29:28 localhost bash[39095]: 10.212.143.73 : root : /root : ls --color=auto
/var/log/messages
```

```
Jun 01 17:29:30 localhost bash[39132]: 10.212.143.73 : root : /root : vim /var/log/messages
Jun 01 17:29:45 localhost bash[39217]: 10.212.143.73 : root : /root : tail -2
/var/log/messages
Jun 01 17:29:50 localhost bash[39242]: 10.212.143.73 : root : /root : tail -5
/var/log/messages
```

数据依次为时间、主机名、进程名、可选的进程 ID、日志内容。

将上面的数据保存到本地文件系统中，然后完成如下操作。

（1）将日志从文件中提取出来，并使用正则表达式控件获取日志的内容，分别放于"时间""主机名"等字段中。

（2）利用（1）中得到的结果，筛选出命令为"vim"的日志，保存到 Excel 表格中。

（3）在（1）的基础上，将获取的时间使用"拆分字段"控件分成"月份""日期""时间"三个字段。

3. 使用 Kettle 进行数据统计

（1）使用 Kettle 设计一个能生成 100 个 0 到 100 的随机整数的转换。

（2）使用 Kettle 设计一个能求数据标准差和均值的转换，输入数据从（1）中获取。

（3）在（2）的基础上设计一个转换，任务是生成一个随机数，并判断它是否处于（2）所得均值的一个标准差内。

四、实验报告

"数据采集与预处理"课程实验报告

题目：			姓名：		日期：	
实验环境：						
实验内容与完成情况：						
出现的问题：						
解决方案（列出遇到的问题和解决办法，列出没有解决的问题）：						

第 8 章
使用 pandas 进行数据清洗

pandas 是一个基于 NumPy 的开源 Python 库，被广泛用于快速分析数据、数据清洗和准备等工作。pandas 融入了大量库和标准数据模型，能够提供高效的操作数据集所需的工具，同时提供了大量能便捷地处理数据的函数和方法。pandas 是基于 NumPy 创建的，让 NumPy 为中心的应用变得更加简单。

本章介绍如何使用 pandas 进行数据清洗：首先介绍 NumPy 的基本使用方法；然后介绍 pandas 的数据结构和一些基本功能，并介绍如何使用 pandas 进行汇总和描述统计、处理缺失数据等；最后，给出一些综合实例。

8.1 NumPy 的基本使用方法

NumPy 是 Python 语言的一个扩充程序库，支持高级的数组与矩阵运算，此外也针对数组运算提供了大量的数学函数库，包括线性代数运算、傅立叶变换和随机数生成等。如果没有安装 NumPy，可以在 Windows 操作系统的 cmd 命令行窗口中执行如下命令安装：

```
> pip install numpy
```

本节介绍 NumPy 的基本使用方法，包括数组创建、数组索引和切片、数组运算。

8.1.1 数组创建

下面是数组创建的一些具体实例：

```
>>> import numpy as np
>>> a = [1,2,3,4,5]      # 创建简单的列表
>>> b = np.array(a)      # 将列表转换为数组
>>> b
array([1, 2, 3, 4, 5])
>>> b.size  # 数组的元素个数
5
>>> b.shape  # 数组的形状
(5,)
>>> b.ndim  # 数组的维度
```

190

```
1
>>> b.dtype   # 数据的元素类型
dtype('int32')
>>> print(b[0],b[1],b[2])   # 访问数组元素
1 2 3
>>> b[4] = 6   # 修改数组元素
>>> b
array([1, 2, 3, 4, 6])
>>> c = np.array([[1,2,3],[4,5,6]])   # 创建二维数组
>>> c.shape       # 数组的形状
(2, 3)
>>> print(c[0,0],c[0,1],c[0,2],c[1,0],c[1,1],c[1,2])
1 2 3 4 5 6
```

Python 做数据处理的时候经常要初始化高维矩阵，常用的函数包括 zeros()、ones()、empty()、eye()、full()、random.random()、random.randint()、random.rand()、random.randn()等。

（1）zeros()：创建一个矩阵，内部元素均为 0，第一个参数提供维度，第二个参数提供类型。

```
>>> a = np.zeros([2,3],int)
>>> a
array([[0, 0, 0],
       [0, 0, 0]])
```

（2）ones()：创建一个矩阵，内部元素均为 1，第一个参数提供维度，第二个参数提供类型。

```
>>> a = np.ones([2,3],int)
>>> a
array([[1, 1, 1],
       [1, 1, 1]])
```

（3）empty()：创建一个矩阵，内部是无意义的数值，第一个参数提供维度，第二个参数提供类型。

```
>>> a = np.empty([2,3],int)
>>> a
array([[0, 0, 0],
       [0, 0, 0]])
```

（4）eye()：创建一个对角矩阵；第一个参数提供矩阵规模；第二个参数如果为 0 则对角线全为 "1"，大于 0 则右上方第 k 条对角线全为 "1"，小于 0 则左下方第 k 条对角线全为 "1"；第三个参数提供类型。

```
>>> a = np.eye(3,k=1,dtype=int)
>>> a
array([[0, 1, 0],
       [0, 0, 1],
       [0, 0, 0]])
>>> a = np.eye(4,k=-2,dtype=int)
>>> a
array([[0, 0, 0, 0],
       [0, 0, 0, 0],
       [1, 0, 0, 0],
       [0, 1, 0, 0]])
```

（5）full()：full((m, n), c)生成一个 $m×n$ 的元素全为 c 的矩阵。

```
>>> a = np.full((2,3),4)
>>> a
array([[4, 4, 4],
       [4, 4, 4]])
```

（6）random.random()：random.random((m, n))生成一个 $m×n$ 的元素为 0～1 随机数的矩阵。

```
>>> a = np.random.random((2,3))
>>> a
array([[0.46657535, 0.2398773 , 0.18675721],
       [0.30525201, 0.66826887, 0.5708038 ]])
```

（7）random.randint()：numpy.random.randint(low, high=None, size=None, dtype='l')返回一个随机整数，范围从低（包括）到高（不包括），即[low, high)。如果没有写参数 high 的值，则返回[0, low)的值。

```
>>> a = np.random.randint(2, size=10)
>>> a
array([0, 1, 0, 0, 1, 1, 0, 0, 1, 1])
>>> b = np.random.randint(5, size=(2, 4))
>>> b
array([[1, 2, 3, 3],
       [0, 0, 2, 4]])
```

（8）random.rand()：random.rand(d0, d1,…, dn)根据给定维度生成[0, 1)内的数据，其中，dn 表示每个维度的元素个数。

```
>>> a = np.random.rand(4,2)
>>> a
array([[0.22225254, 0.25555882],
       [0.69250455, 0.62957494],
       [0.567664  , 0.30459249],
       [0.16394031, 0.00900947]])
```

（9）random.randn()：random.randn(d0, d1,…, dn)返回一个或一组样本，具有标准正态分布，其中，dn 表示每个维度的元素个数。

```
>>> a = np.random.randn(2,4)
>>> a
array([[-0.28183753, -0.4931384 , -2.11355842,  0.17782074],
       [-1.14089585,  0.816798  ,  0.39287532, -0.19339946]])
```

8.1.2　数组索引和切片

与 Python 列表类似，NumPy 数组可以索引和切片。由于数组可能是多维的，因此，必须为数组的每个维度指定一个索引或切片。具体实例如下：

```
>>> a = np.arange(10)
>>> a
array([0, 1, 2, 3, 4, 5, 6, 7, 8, 9])
>>> a[5]
5
>>> a[5:8]
```

```
array([5, 6, 7])
>>> a[5:8] = 12
>>> a
array([ 0,  1,  2,  3,  4, 12, 12, 12,  8,  9])
>>> a = np.arange(10)
>>> a_slice = a[5:8]
>>> a_slice[0] = -1
>>> a_slice
array([-1,  6,  7])
>>> a
array([ 0,  1,  2,  3,  4, -1,  6,  7,  8,  9])
>>> b = np.array([[1,2,3],[4,5,6],[7,8,9]])
>>> b[2]
array([7, 8, 9])
>>> b[0][2]
3
>>> b[0,2]
3
>>> b[:2]
array([[1, 2, 3],
       [4, 5, 6]])
>>> b[:2,1:]
array([[2, 3],
       [5, 6]])
>>> b[1,:2]
array([4, 5])
>>> b[:2,2]
array([3, 6])
>>> b[:,:1]
array([[1],
       [4],
       [7]])
```

8.1.3　数组运算

数组运算实质上是数组对应位置的元素的运算，常见的是加、减、乘、除、开方等运算。具体实例如下：

```
>>> a = np.array([[1,2,3],[4,5,6]])
>>> a*a
array([[ 1,  4,  9],
       [16, 25, 36]])
>>> a-a
array([[0, 0, 0],
       [0, 0, 0]])
>>> 1/a
array([[1.        , 0.5       , 0.33333333],
       [0.25      , 0.2       , 0.16666667]])
>>> a+a
array([[ 2,  4,  6],
       [ 8, 10, 12]])
>>> np.exp(a)  # e 的幂
array([[ 2.71828183,  7.3890561 , 20.08553692],
```

```
          [ 54.59815003, 148.4131591 , 403.42879349]])
>>> np.sqrt(a)
array([[1.        , 1.41421356, 1.73205081],
       [2.        , 2.23606798, 2.44948974]])
>>> a**2
array([[ 1,  4,  9],
       [16, 25, 36]], dtype=int32)
```

8.2 pandas 的数据结构

本节介绍 pandas 的数据结构，包括 Series、DataFrame 和索引对象。在开展具体操作之前，首先要打开一个 cmd 命令行窗口执行如下命令安装 pandas：

```
> pip install pandas
```

8.2.1 Series

Series 是一种类似于一维数组的对象，它由一维数组及一组与之相关的数据标签（即索引）组成。仅由一组数据即可产生最简单的 Series。Series 的字符串表现形式：索引在左边，值在右边。如果没有为数据指定索引，pandas 就会自动创建一个 0 到 N-1（N 为数据的长度）的整数索引。可以通过 Series 的 values 属性和 index 属性获取其数组表现形式和索引对象。

下面是具体实例：

```
>>> import numpy as np
>>> import pandas as pd
>>> from pandas import Series,DataFrame
>>> obj=Series([3,5,6,8,9,2])
>>> obj
0    3
1    5
2    6
3    8
4    9
5    2
dtype: int64
>>> obj.index
RangeIndex(start=0, stop=6, step=1)
```

上面的代码中，我们没有为数据指定索引，因此，pandas 会自动创建一个整数索引。现在，我们创建对数据点进行标记的索引。作为演示，继续执行如下代码：

```
>>> obj2=Series([3,5,6,8,9,2],index=['a','b','c','d','e','f'])
>>> obj2
a    3
b    5
c    6
d    8
e    9
f    2
```

```
dtype: int64
>>> obj2.index
Index(['a', 'b', 'c', 'd', 'e', 'f'], dtype='object')
```

创建好 Series 以后，可以利用索引的方式选取 Series 的单个或一组值。作为演示，继续执行如下代码：

```
>>> obj2['a']
3
>>> obj2[['b','d','f']]
b    5
d    8
f    2
dtype: int64
```

可以对 Series 进行 NumPy 数组运算。作为演示，继续执行如下代码：

```
>>> obj2[obj2>5]
c    6
d    8
e    9
dtype: int64
>>> obj2*2     # 乘以 2
a    6
b    10
c    12
d    16
e    18
f    4
dtype: int64
>>> np.exp(obj2)     # 求 e 的幂
a      20.085537
b     148.413159
c     403.428793
d    2980.957987
e    8103.083928
f       7.389056
dtype: float64
```

可以将 Series 看成一个定长的有序字典，因为它是索引值到数据值的一个映射。因此，一些字典函数也可以在这里使用。作为演示，继续执行如下代码：

```
>>> 'b' in obj2
True
>>> 'm' in obj2
False
```

此外，也可以用字典创建 Series。作为演示，继续执行如下代码：

```
>>> dic={'m':4,'n':5,'p':6}
>>> obj3=Series(dic)
>>> obj3
m    4
n    5
p    6
dtype: int64
```

使用字典生成 Series 时，可以指定额外的索引。如果额外的索引与字典中的键不匹配，则不匹配的索引部分数据为 NaN。作为演示，继续执行如下代码：

```
>>> ind=['m','n','p','a']
>>> obj4=Series(dic,index=ind)
>>> obj4
m    4.0
n    5.0
p    6.0
a    NaN
dtype: float64
```

pandas 提供了 isnull()函数和 notnull()函数，用于检测缺失数据。作为演示，继续执行如下代码：

```
>>> pd.isnull(obj4)
m    False
n    False
p    False
a     True
dtype: bool
>>> pd.notnull(obj4)
m     True
n     True
p     True
a    False
dtype: bool
```

可以对不同的 Series 进行算术运算，在运算过程中，pandas 会自动对齐不同索引的数据。作为演示，继续执行如下代码：

```
>>> obj3+obj4
a     NaN
m     8.0
n    10.0
p    12.0
dtype: float64
```

Series 本身及其索引都有一个 name 属性。作为演示，继续执行如下代码：

```
>>> obj4.name='sereis_a'
>>> obj4.index.name='letter'
>>> obj4
letter
m    4.0
n    5.0
p    6.0
a    NaN
Name: sereis_a, dtype: float64
```

Series 的索引可以通过赋值的方式进行改变。作为演示，继续执行如下代码：

```
>>> obj4.index=['u','v','w','a']
>>> obj4
```

```
u    4.0
v    5.0
w    6.0
a    NaN
Name: sereis_a, dtype: float64
```

8.2.2　DataFrame

DataFrame 是一个表格型的数据结构，它含有一组有序的列，每列可以是不同的数据类型（数字、字符串等）。DataFrame 既有行索引也有列索引，它可以被看作由 Series 组成的字典（共用一个索引）。跟其他类似的数据结构相比，DataFrame 中面向行和面向列的操作基本是平衡的。其实，DataFrame 中的数据是以一个或多个二维块存储的（而不是列表、字典或别的一维数据结构）。

pandas 提供了 DataFrame()函数来构建 DataFrame（称为 DataFrame 构造器）。可以输入给 DataFrame 构造器的数据类型及相关说明如表 8-1 所示。

表 8-1　　　　　　　　可以输入给 DataFrame 构造器的数据类型及相关说明

数据类型	说明
二维 ndarray	数据矩阵，还可以传入行标和列标
由数组、列表或元组组成的字典	每个序列会变成 DataFrame 的一个列，所有序列的长度必须相同
NumPy 的结构化记录/数组	类似于"由数组组成的字典"
由 Series 组成的字典	每个 Series 会成为一列。如果没有显式指定索引，则各 Series 的索引会被合并成结果的行索引
由字典组成的字典	各个内层字典会成为一列。键会被合并成结果的行索引，跟"由 Series 组成的字典"的情况一样
字典或 Series 的列表	各项会成为 DataFrame 的一行。字典键或 Series 索引的并集会成为 DataFrame 的列标
由列表或元组组成的列表	类似于"二维 ndarray"
另一个 DataFrame	该 DataFrame 的索引会被沿用，除非显式指定了其他索引
NumPy 的 MaskedArray	类似于"二维 ndarray"的情况，只是掩码值在结果 DataFrame 中会变成缺失值

下面是具体实例：

```
>>> import numpy as np
>>> import pandas as pd
>>> from pandas import Series,DataFrame
>>> data = {'sno':['95001', '95002', '95003', '95004'],
    'name':['Xiaoming','Zhangsan','Lisi','Wangwu'],
    'sex':['M','F','F','M'],
    'age':[22,25,24,23]}
>>> frame=DataFrame(data)
>>> frame
     sno      name sex   age
0  95001  Xiaoming   M    22
```

```
1   95002   Zhangsan  F     25
2   95003      Lisi   F     24
3   95004   Wangwu    M     23
```

从执行结果可以看出，虽然没有指定行索引，但是，pandas 会自动添加索引。

如果指定列索引，则会按照指定顺序排列。作为演示，继续执行如下代码：

```
>>> frame=DataFrame(data,columns=['name','sno','sex','age'])
>>> frame
        name   sno  sex  age
0   Xiaoming  95001   M    22
1   Zhangsan  95002   F    25
2       Lisi  95003   F    24
3     Wangwu  95004   M    23
```

在制定列索引时，如果存在不匹配的列，则不匹配的列的值为 NaN：

```
>>> frame=DataFrame(data,columns=['sno','name','sex','age','grade'])
>>> frame
      sno      name  sex  age  grade
0   95001  Xiaoming   M    22    NaN
1   95002  Zhangsan   F    25    NaN
2   95003      Lisi   F    24    NaN
3   95004    Wangwu   M    23    NaN
```

可以同时指定行索引和列索引：

```
>>> frame=DataFrame(data,columns=['sno','name','sex', 'age','grade'],index= ['a','b','c','d'])
>>> frame
      sno      name  sex  age  grade
a   95001  Xiaoming   M    22    NaN
b   95002  Zhangsan   F    25    NaN
c   95003      Lisi   F    24    NaN
d   95004    Wangwu   M    23    NaN
```

通过类似字典标记或属性的方式，可以获取 Series（列数据）：

```
>>> frame['sno']
a    95001
b    95002
c    95003
d    95004
Name: sno, dtype: object
>>> frame.name
a    Xiaoming
b    Zhangsan
c        Lisi
d      Wangwu
Name: name, dtype: object
```

行也可以通过位置或名称获取：

```
>>> frame.loc['b']
sno          95002
```

```
name       Zhangsan
sex               F
age              25
grade           NaN
Name: b, dtype: object
>>> frame.iloc[1]
sno           95002
name       Zhangsan
sex               F
age              25
grade           NaN
Name: b, dtype: object
```

也可以采用"切片"的方式一次获取多个行：

```
>>> frame.loc['b':'c']
     sno       name sex age grade
b  95002  Zhangsan   F   25   NaN
c  95003      Lisi   F   24   NaN
>>> frame.iloc[2:4]
     sno       name sex age grade
C  95003      Lisi   F   24   NaN
D  95004    Wangwu   M   23   NaN
```

可以用"切片"的方式使用列名称获取一个列：

```
>>> frame.loc[:,['sex']]
   sex
a    M
b    F
c    F
d    M
```

也可以用"切片"的方式使用列名称获取多个列：

```
>>> frame.loc[:,'sex':]
  sex age grade
a   M  22   NaN
b   F  25   NaN
c   F  24   NaN
d   M  23   NaN
```

上面的代码在截取列时，是从 sex 列开始，把 sex 之后的所有列都截取出来。

还可以用"切片"的方式使用列索引获取多个列：

```
>>> frame.iloc[:,1:4]
      name sex age
a  Xiaoming   M  22
b  Zhangsan   F  25
c      Lisi   F  24
d    Wangwu   M  23
```

上面的代码在截取列时，是从索引号为 1 的列开始，也就是从 name 列开始，一直截取到索引号为 4 的列之前（不含索引号为 4 的列）。

可以给列赋值，赋的值是列表时，列表中元素的个数必须和数据的行数匹配：

```
>>> frame['grade']=[93,89,72,84]
>>> frame
     sno      name   sex   age   grade
a   95001   Xiaoming   M    22     93
b   95002   Zhangsan   F    25     89
c   95003    Lisi      F    24     72
d   95004   Wangwu     M    23     84
```

可以用一个 Series 修改一个 DataFrame 的值，精确匹配 DataFrame 的索引，空位补上缺失值：

```
>>> frame['grade']=Series([67,89],index=['a','c'])
>>> frame
     sno      name   sex   age   grade
a   95001   Xiaoming   M    22    67.0
b   95002   Zhangsan   F    25    NaN
c   95003    Lisi      F    24    89.0
d   95004   Wangwu     M    23    NaN
```

可以增加一个新的列：

```
>>> frame['province']=['ZheJiang','FuJian','Beijing','ShangHai']
>>> frame
     sno      name   sex   age   grade   province
a   95001   Xiaoming   M    22    67.0   ZheJiang
b   95002   Zhangsan   F    25    NaN      FuJian
c   95003    Lisi      F    24    89.0    Beijing
d   95004   Wangwu     M    23    NaN    ShangHai
```

当不再需要一个列时，可以删除该列：

```
>>> del frame['province']
>>> frame
     sno      name   sex   age   grade
a   95001   Xiaoming   M    22    67.0
b   95002   Zhangsan   F    25    NaN
c   95003    Lisi      F    24    89.0
d   95004   Wangwu     M    23    NaN
```

可以把嵌套字典（字典的字典）作为参数，传入 DataFrame，其中，外层键作为列索引，内层键作为行索引：

```
>>> dic={'computer':{2020:78,2021:82},'math':{2019:76,2020:78,2021:81}}
>>> frame1=DataFrame(dic)
>>> frame1
      computer   math
2020    78.0      78
2021    82.0      81
2019    NaN       76
```

可以对结果进行转置：

```
>>> frame1.T
          2020   2021   2019
computer  78.0   82.0   NaN
math      78.0   81.0   76.0
```

还可以指定行索引，对于不匹配的行会返回 NaN：

```
>>> frame2=DataFrame(dic,index=[2020,2021,2022])
>>> frame2
      computer   math
2020      78.0   78.0
2021      82.0   81.0
2022       NaN    NaN
```

下面用 NumPy 的相关模块来生成 DataFrame：

```
>>> import numpy as np
>>> import pandas as pd
>>> # 用顺序数 np.arange(12).reshape(3,4)
>>> df1=pd.DataFrame(np.arange(12).reshape(3,4),columns=['a','b','c','d'])
>>> df1
   a  b   c   d
0  0  1   2   3
1  4  5   6   7
2  8  9  10  11
>>> # 用随机数 np.random.randint(20,size=(2,3))
>>> df2=pd.DataFrame(np.random.randint(20,size=(2,3)),columns=['b','d','a'])
>>> df2
    b   d  a
0   0  19  4
1  10   2  5
>>> # 用随机数 np.random.randn(5,3)
>>> df3=pd.DataFrame(np.random.randn(5,3),index=list('abcde'), columns=['one','two',
'three'])
>>> df3
        one        two      three
a -0.204225  -0.402101  -0.528857
b  0.070463  -1.203973  -1.271088
c -1.210856   0.438507   1.442583
d -0.101521   1.283724  -0.101034
e -1.256007  -0.112633  -1.590732
```

此外，也可以从表格型数据文件中读取数据生成 DataFrame。pandas 提供了一些用于将表格型数据读取为 DataFrame 对象的函数，其中常用的函数包括 read_csv()和 read_table()，具体用法如下：

```
>>> import pandas as pd
>>> from pandas import DataFrame
```

```
>>> csv_df = pd.read_csv('C:\\Python38\my_file.csv')
>>> table_df = pd.read_table('C:\\Python38\my_table.txt')
```

8.2.3　索引对象

pandas 的索引（Index）对象负责管理轴标签和轴名称等。构建 Series 或 DataFrame 时，所用到的任何数组或其他序列的标签都会被转换成一个 Index 对象。Index 对象是不可修改的，Series 和 DataFrame 中的索引都是 Index 对象。

```
>>> import numpy as np
>>> import pandas as pd
>>> from pandas import Series,DataFrame,Index
>>> # 获取 Index 对象
>>> x = Series(range(3), index = ['a', 'b', 'c'])
>>> index = x.index
>>> index
Index(['a', 'b', 'c'], dtype='object')
>>> index[0:2]
Index(['a', 'b'], dtype='object')
>>> # 构造/使用 Index 对象
>>> index = Index(np.arange(3))
>>> obj2 = Series([2.5, -3.5, 0], index = index)
>>> obj2
0    2.5
1   -3.5
2    0.0
dtype: float64
>>> obj2.index is index
True
>>> # 判断列索引/行索引是否存在
>>> data = {'pop':[2.3,2.6],
    'year':[2020,2021]}
>>> frame = DataFrame(data)
>>> frame
   pop  year
0  2.3  2020
1  2.6  2021
>>> 'pop' in frame.columns
True
>>> 1 in frame.index
True
```

8.3　pandas 的基本功能

本节介绍 pandas 数据结构的一些基本功能：重新索引，丢弃指定轴上的项，索引、选取和过滤，算术运算，DataFrame 和 Series 之间的运算，函数应用和映射，排序和排名，分组，shape 函数，info()函数，cut()函数。

8.3.1 重新索引

pandas 中的 reindex()方法可以为 Series 和 DataFrame 添加或删除索引。如果新添加的索引没有对应的值，则默认为 NaN。减少索引就相当于一个切片操作。

下面是对 Series 使用 reindex()方法的实例：

```
>>> import numpy as np
>>> import pandas as pd
>>> from pandas import Series,DataFrame
>>> s1 = Series([1, 2, 3, 4], index=['A', 'B', 'C', 'D'])
>>> s1
A    1
B    2
C    3
D    4
dtype: int64
>>> # 重新指定索引, 多出来的索引可以使用 fill_value 填充
>>> s1.reindex(index=['A', 'B', 'C', 'D', 'E'], fill_value = 10)
A     1
B     2
C     3
D     4
E    10
dtype: int64
>>> s2 = Series(['A', 'B', 'C'], index = [1, 5, 10])
>>> # 修改索引, 将 s2 的索引增加到 15 个, 如果新增加的索引值不存在, 则默认为 NaN
>>> s2.reindex(index=range(15))
0     NaN
1       A
2     NaN
3     NaN
4     NaN
5       B
6     NaN
7     NaN
8     NaN
9     NaN
10      C
11    NaN
12    NaN
13    NaN
14    NaN
dtype: object
>>> # ffill: 表示 forward fill, 向前填充
>>> # 如果新增加的索引值不存在, 那么将前一个非 NaN 的值填充进去
>>> s2.reindex(index=range(15), method='ffill')
0     NaN
1       A
```

```
2        A
3        A
4        A
5        B
6        B
7        B
8        B
9        B
10       C
11       C
12       C
13       C
14       C
dtype: object
    >>> # 减少索引
>>> s1.reindex(['A', 'B'])
A    1
B    2
dtype: int64
```

下面是对 DataFrame 使用 reindex()方法的实例：

```
>>> df1 = DataFrame(np.random.rand(25).reshape([5, 5]), index=['A', 'B', 'D', 'E', 'F'],
columns=['c1', 'c2', 'c3', 'c4', 'c5'])
>>> df1
          c1        c2        c3        c4        c5
A  0.077539  0.574105  0.868985  0.305669  0.738754
B  0.939470  0.464108  0.951791  0.277599  0.091289
D  0.019077  0.850392  0.069981  0.397684  0.526270
E  0.564420  0.723089  0.971805  0.501211  0.641450
F  0.308109  0.831558  0.215271  0.729247  0.944689
>>> # 为 DataFrame 添加一个新的索引
>>> # 可以看到自动扩充为 NaN
>>> df1.reindex(index=['A', 'B', 'C', 'D', 'E', 'F'])
          c1        c2        c3        c4        c5
A  0.077539  0.574105  0.868985  0.305669  0.738754
B  0.939470  0.464108  0.951791  0.277599  0.091289
C       NaN       NaN       NaN       NaN       NaN
D  0.019077  0.850392  0.069981  0.397684  0.526270
E  0.564420  0.723089  0.971805  0.501211  0.641450
F  0.308109  0.831558  0.215271  0.729247  0.944689
>>> # 扩充列
>>> df1.reindex(columns=['c1', 'c2', 'c3', 'c4', 'c5', 'c6'])
          c1        c2        c3        c4        c5   c6
A  0.077539  0.574105  0.868985  0.305669  0.738754  NaN
B  0.939470  0.464108  0.951791  0.277599  0.091289  NaN
D  0.019077  0.850392  0.069981  0.397684  0.526270  NaN
E  0.564420  0.723089  0.971805  0.501211  0.641450  NaN
F  0.308109  0.831558  0.215271  0.729247  0.944689  NaN
```

```
>>> # 减少索引
>>> df1.reindex(index=['A', 'B'])
         c1        c2        c3        c4        c5
A  0.077539  0.574105  0.868985  0.305669  0.738754
B  0.939470  0.464108  0.951791  0.277599  0.091289
```

8.3.2　丢弃指定轴上的项

可以使用 drop()方法丢弃指定轴上的项，drop()方法返回的是一个在指定轴上删除了指定值的新对象。具体实例如下：

```
>>> import numpy as np
>>> import pandas as pd
>>> from pandas import Series,DataFrame
>>> # Series 根据行索引删行
>>> s1 = Series(np.arange(4), index = ['a', 'b', 'c','d'])
>>> s1
a    0
b    1
c    2
d    3
dtype: int32
>>> s1.drop(['a', 'b'])
C    2
D    3
dtype: int32
>>> # DataFrame 根据行索引/列索引删除行/列
>>> df1 = DataFrame(np.arange(16).reshape((4, 4)),
        index = ['a', 'b', 'c', 'd'],
        columns = ['A', 'B', 'C', 'D'])
>>> df1
    A  B  C   D
a   0  1  2   3
b   4  5  6   7
c   8  9 10  11
d  12 13 14  15
>>> df1.drop(['A','B'],axis=1)    # 在列的维度上删除A、B两行，axis 值为 1 表示列的维度
    C   D
a   2   3
b   6   7
c  10  11
d  14  15
>>> df1.drop('a', axis = 0)    # 在行的维度上删行，axis 值为 0 表示行的维度
    A  B  C   D
b   4  5  6   7
c   8  9 10  11
d  12 13 14  15
```

```
>>> df1.drop(['a', 'b'], axis = 0)
    A   B   C   D
c   8   9   10  11
d   12  13  14  15
```

8.3.3 索引、选取和过滤

下面是关于 DataFrame 的索引、选取和过滤的一些实例：

```
>>> import numpy as np
>>> import pandas as pd
>>> from pandas import Series,DataFrame
>>> # DataFrame 的索引
>>> data = DataFrame(np.arange(16).reshape((4, 4)),
    index = ['a', 'b', 'c', 'd'],
    columns = ['A', 'B', 'C', 'D'])
>>> data
    A   B   C   D
a   0   1   2   3
b   4   5   6   7
c   8   9   10  11
d   12  13  14  15
>>> data['A']  # 打印列
a    0
b    4
c    8
d    12
Name: A, dtype: int32
>>> data[['A', 'B']]   # 花式索引
    A   B
a   0   1
b   4   5
c   8   9
d   12  13
>>> data[:2]   # 切片索引,选择行
    A   B   C   D
a   0   1   2   3
b   4   5   6   7
>>> # 根据条件选择
>>> data
    A   B   C   D
a   0   1   2   3
b   4   5   6   7
c   8   9   10  11
d   12  13  14  15
>>> data[data.A > 5]   # 根据条件选择行
```

```
     A   B   C   D
C    8   9  10  11
d   12  13  14  15
>>> data < 5    # 打印 True 或 False
         A       B       C       D
a     True    True    True    True
b     True   False   False   False
c    False   False   False   False
d    False   False   False   False
>>> data[data < 5] = 0  # 条件索引
>>> data
     A   B   C   D
a    0   0   0   0
b    0   5   6   7
c    8   9  10  11
d   12  13  14  15
```

8.3.4　算术运算

下面是关于 DataFrame 算术运算的实例：

```
>>> import numpy as np
>>> import pandas as pd
>>> from pandas import Series,DataFrame
    >>> df1 = DataFrame(np.arange(12).reshape((3,4)),columns=list("abcd"))
>>> df2 = DataFrame(np.arange(20).reshape((4,5)),columns=list("abcde"))
>>> df1
    a  b   c   d
0   0  1   2   3
1   4  5   6   7
2   8  9  10  11
>>> df2
    a   b   c   d   e
0   0   1   2   3   4
1   5   6   7   8   9
2  10  11  12  13  14
3  15  16  17  18  19
>>> df1+df2
      a     b     c     d    e
0   0.0   2.0   4.0   6.0  NaN
1   9.0  11.0  13.0  15.0  NaN
2  18.0  20.0  22.0  24.0  NaN
3   NaN   NaN   NaN   NaN  NaN
>>> df1.add(df2,fill_value=0)  # 为 df1 添加第 3 行和 e 这一列
      a     b     c     d    e
0   0.0   2.0   4.0   6.0  4.0
1   9.0  11.0  13.0  15.0  9.0
```

```
2  18.0 20.0 22.0 24.0 14.0
3  15.0 16.0 17.0 18.0 19.0
>>> df1.add(df2).fillna(0)   # 按照正常方式将 df1 和 df2 相加，然后将 NaN 值填充为 0
      a     b     c     d     e
0   0.0   2.0   4.0   6.0   0.0
1   9.0  11.0  13.0  15.0   0.0
2  18.0  20.0  22.0  24.0   0.0
3   0.0   0.0   0.0   0.0   0.0
```

8.3.5　DataFrame 和 Series 之间的运算

DataFrame 和 Series 之间的运算实例如下。

```
>>> import numpy as np
>>> import pandas as pd
>>> from pandas import Series,DataFrame
>>> frame = DataFrame(np.arange(12).reshape((4,3)),columns=list("bde"),
                index=["Beijing","Shanghai","Shenzhen","Xiamen"])
>>> frame
          b   d   e
Beijing   0   1   2
Shanghai  3   4   5
Shenzhen  6   7   8
Xiamen    9  10  11
>>> frame.iloc[1]  # 获取某一行数据
b   3
d   4
e   5
Name: Shanghai, dtype: int32
>>> frame.index  # 获取索引
Index(['Beijing', 'Shanghai', 'Shenzhen', 'Xiamen'], dtype='object')
>>> frame.loc["Xiamen"]    # 根据行索引提取数据
b    9
d   10
e   11
Name: Xiamen, dtype: int32
>>> series = frame.iloc[0]
>>> series
b   0
d   1
e   2
Name: Beijing, dtype: int32
>>> frame - series
          b   d   e
Beijing   0   0   0
Shanghai  3   3   3
Shenzhen  6   6   6
Xiamen    9   9   9
```

8.3.6　函数应用和映射

用 apply()将一个规则应用到 DataFrame 的行或列，实例如下：

```
>>> import numpy as np
>>> import pandas as pd
>>> from pandas import Series,DataFrame
>>> frame = DataFrame(np.arange(12).reshape((4,3)),columns=list("bde"),
          index=["Beijing","Shanghai","Shenzhen","Xiamen"])
>>> frame
          b   d   e
Beijing   0   1   2
Shanghai  3   4   5
Shenzhen  6   7   8
Xiamen    9   10  11
>>> f = lambda x : x.max() - x.min()  # 匿名函数
>>> frame.apply(f)  # apply()默认第二个参数 axis=0，作用于列方向上，axis=1 时作用于行方向上
b    9
d    9
e    9
dtype: int64
>>> frame.apply(f,axis=1)
Beijing     2
Shanghai    2
Shenzhen    2
Xiamen      2
dtype: int64
```

可以使用 applymap()将一个规则应用到 DataFrame 中的每一个元素，实例如下：

```
>>> import numpy as np
>>> import pandas as pd
>>> from pandas import Series,DataFrame
>>> frame = DataFrame(np.arange(12).reshape((4,3)),columns=list("bde"),
          index=["Beijing","Shanghai","Shenzhen","Xiamen"])
>>> frame
          b   d   e
Beijing   0   1   2
Shanghai  3   4   5
Shenzhen  6   7   8
Xiamen    9   10  11
>>> f = lambda num : "%.2f"%num  # 匿名函数
>>> # 将匿名函数 f 应用到 frame 中的每一元素
>>> strFrame = frame.applymap(f)
>>> strFrame
             b     d     e
Beijing   0.00  1.00  2.00
```

```
Shanghai  3.00   4.00    5.00
Shenzhen  6.00   7.00    8.00
Xiamen    9.00  10.00   11.00
>>> frame.dtypes  # 获取 DataFrame 中每一列的数据类型
b     int32
d     int32
e     int32
dtype: object
>>> strFrame.dtypes
b     object
d     object
e     object
dtype: object
>>> # 将一个规则应用到某一列
>>> frame["d"].map(lambda x :x+10)
Beijing      11
Shanghai     14
Shenzhen     17
Xiamen       20
Name: d, dtype: int64
```

8.3.7 排序和排名

1. 排序

下面是对 Series 和 DataFrame 进行排序的实例:

```
>>> import numpy as np
>>> import pandas as pd
>>> from pandas import Series,DataFrame
>>> series = Series(range(4),index=list("dabc"))
>>> series
d    0
a    1
b    2
c    3
dtype: int64
>>> series.sort_index()  # 索引按字母顺序排序
a    1
b    2
c    3
d    0
dtype: int64
>>> frame = DataFrame(np.arange(8).reshape((2,4)),
      index=["three","one"],
      columns=list("dabc"))
>>> frame
       d  a  b  c
three  0  1  2  3
one    4  5  6  7
```

```
>>> frame.sort_index()
      d a b c
one   4 5 6 7
three 0 1 2 3
>>> frame.sort_index(axis=1,ascending=False)
      d c b a
three 0 3 2 1
one   4 7 6 5
>>> # 按照 DataFrame 中某一列的值排序
>>> df = DataFrame({"a":[4,7,-3,2],"b":[0,1,0,1]})
>>> df
   a b
0  4 0
1  7 1
2 -3 0
3  2 1
>>> # 按照 b 这一列的值排序
>>> df.sort_values(by="b")
   a b
0  4 0
2 -3 0
1  7 1
3  2 1
```

2．排名

排名是指根据值的大小/出现次数得到一组排名值。排名跟排序关系密切，增设的排名值从 1 开始，一直到数组中有效数据的数量。默认情况下，rank()函数通过将平均排名值分配到每个组打破平级关系。也就是说，如果有两组值一样，那它们的排名值将会被加在一起再除以 2。表 8-2 列出了 rank()函数中用于破坏平级关系的 method 参数。

表 8-2　　　　　　　　　rank()函数中用于破坏平级关系的 method 参数

method	说明
'average'	默认值，在相等分组中，为各个值分配平均排名值
'min'	使用相等分组的最小排名值
'max'	使用相等分组的最大排名值
'first'	按值在原始数据中的出现顺序分配排名值

下面是具体实例：

```
>>> import pandas as pd
>>> from pandas import Series,DataFrame
>>> obj=Series([7,-4,7,3,2,0,5])
>>> obj.rank()
0    6.5
1    1.0
2    6.5
3    4.0
4    3.0
```

```
5    2.0
6    5.0
dtype: float64
```

在上面的代码中，rank()没有任何参数，所以 method 采用默认值'average'。这时，对 obj 中的
7，–4，7，3，2，0，5，我们可以手工进行排名，–4 排第 1 名，0 排第 2 名，2 排第 3 名，3 排
第 4 名，5 排第 5 名，第 1 个 7 排第 6 名，第 2 个 7 排第 7 名，出现了两个 7，也就是出现了平级
关系，因此，取二者排名的平均值 6.5 来破坏平级关系。所以，在 obj.rank()的返回结果中，第 0
行是 6.5（说明这一行的 7 排名值是 6.5），第 1 行是 1.0（说明这一行的–4 排名值是 1.0），第 2 行
是 6.5（说明这一行的 7 排名值是 6.5），第 3 行是 4.0（说明这一行的 3 排名值是 4.0），依此类推。

然后，继续执行如下代码：

```
>>> obj.rank(method='first')
0    6.0
1    1.0
2    7.0
3    4.0
4    3.0
5    2.0
6    5.0
dtype: float64
```

在上面的代码中，method 的取值为'first'，这时，如果出现平级关系，就按值在原始数据中的
出现顺序分配排名。可以看到，obj 中出现了两个 7，也就是出现了平级关系，这时，谁先出现，
谁就排在前面，因此，第 1 个 7 排第 6 名，第 2 个 7 排第 7 名。

然后，继续执行如下代码：

```
>>> obj.rank(method='min')
0    6.0
1    1.0
2    6.0
3    4.0
4    3.0
5    2.0
6    5.0
dtype: float64
```

在上面的代码中，method 的取值为'min'，这时如果出现平级关系，就使用相等分组的最小排
名值。可以看到，obj 中出现了两个 7，也就是出现了平级关系，这时，第 1 个 7 排第 6 名，第 2
个 7 排第 7 名，我们取二者中较小的排名值作为二者的排名值，因此，第 0 行的排名值是 6.0，第
2 行的排名值也是 6.0。

然后，继续执行如下代码：

```
>>> obj.rank(method='max')
0    7.0
1    1.0
2    7.0
3    4.0
4    3.0
```

```
5    2.0
6    5.0
dtype: float64
```

在上面的代码中，method 的取值为'max'，这时如果出现平级关系，就使用相等分组的最小排名值。可以看到，obj 中出现了两个 7，也就是出现了平级关系，这时，第 1 个 7 排第 6 名，第 2 个 7 排第 7 名，我们取二者中较大的排名值作为二者的排名值，因此，第 0 行的排名值是 7.0，第 2 行的排名值也是 7.0。

也可以对 DataFrame 使用 rank()，实例如下：

```
>>> import pandas as pd
>>> from pandas import Series,DataFrame
>>> frame=DataFrame({'b':[3,1,5,2],'a':[8,4,3,7],'c':[2,7,9,4]})
>>> frame
   b  a  c
0  3  8  2
1  1  4  7
2  5  3  9
3  2  7  4
>>> frame.rank(axis=1)   # axis=0 时作用于列方向上，axis=1 时作用于行方向上
     b    a    c
0  2.0  3.0  1.0
1  1.0  2.0  3.0
2  2.0  1.0  3.0
3  1.0  3.0  2.0
```

8.3.8　分组

pandas 可以对数据集进行分组，然后对每组进行统计分析。

1. 分组操作

下面是分组操作的实例：

```
>>> import pandas as pd
>>> import numpy as np
>>> from pandas import Series,DataFrame
>>> dict_obj = {'key1' : ['a', 'b', 'a', 'b', 'a', 'b', 'a', 'a'],
    'key2' : ['one', 'one', 'two', 'three','two', 'two', 'one', 'three'],
    'data1': np.random.randn(8),
    'data2': np.random.randn(8)}
>>> df_obj = DataFrame(dict_obj)
>>> df_obj
  key1   key2     data1     data2
0    a    one -0.026042  0.051420
1    b    one -0.214902 -1.245808
2    a    two -0.626813  0.313240
3    b  three -1.074137  0.245969
4    a    two  0.106360 -0.344038
5    b    two -0.719663 -0.877795
6    a    one -0.248008 -0.650183
7    a  three  0.861269  1.388312
```

```
>>> df_obj.groupby('key1')
<pandas.core.groupby.generic.DataFrameGroupBy object at 0x00000000037E93D0>
>>> type(df_obj.groupby('key1'))
<class 'pandas.core.groupby.generic.DataFrameGroupBy'>
>>> df_obj['data1'].groupby(df_obj['key1'])
<pandas.core.groupby.generic.SeriesGroupBy object at 0x000000000B4E7D00>
>>> type(df_obj['data1'].groupby(df_obj['key1']))
<class 'pandas.core.groupby.generic.SeriesGroupBy'>
```

2. 分组运算

下面是分组运算的实例：

```
>>> import pandas as pd
>>> import numpy as np
>>> from pandas import Series,DataFrame
>>> dict_obj = {'key1' : ['a', 'b', 'a', 'b', 'a', 'b', 'a', 'a'],
    'key2' : ['one', 'one', 'two', 'three','two', 'two', 'one', 'three'],
    'data1': np.random.randn(8),
    'data2': np.random.randn(8)}
>>> df_obj = DataFrame(dict_obj)
>>> df_obj
  key1    key2    data1        data2
0    a     one -0.026042   0.051420
1    b     one -0.214902  -1.245808
2    a     two -0.626813   0.313240
3    b   three -1.074137   0.245969
4    a     two  0.106360  -0.344038
5    b     two -0.719663  -0.877795
6    a     one -0.248008  -0.650183
7    a   three  0.861269   1.388312
>>> grouped1 = df_obj.groupby('key1')
>>> grouped1.mean()
          data1      data2
key1
a      0.013353   0.151750
b     -0.669567  -0.625878
>>> grouped2 = df_obj['data1'].groupby(df_obj['key1'])
>>>grouped2.mean()
key1
a      0.013353
b     -0.669567
Name: data1, dtype: float64
>>> grouped1.size()    # 返回每个分组的元素个数
key1
a     5
b     3
dtype: int64
>>> grouped2.size()    # 返回每个分组的元素个数
key1
a     5
```

```
b        3
Name: data1, dtype: int64
>>> df_obj.groupby([df_obj['key1'], df_obj['key2']]).size()
key1   key2
a      one      2
       three    1
       two      2
b      one      1
       three    1
       two      1
dtype: int64
>>> grouped3 = df_obj.groupby(['key1', 'key2'])
>>> grouped3.size()
key1   key2
a      one      2
       three    1
       two      2
b      one      1
       three    1
       two      1
dtype: int64
>>> grouped3.mean()
                  data1      data2
key1 key2
a    one     -0.137025  -0.299382
     three    0.861269   1.388312
     two     -0.260226  -0.015399
b    one     -0.214902  -1.245808
     three   -1.074137   0.245969
     two     -0.719663  -0.877795
```

上面的代码演示了使用 mean() 函数的聚合运算，实际上，还可以使用 sum()、count()、max()、min()、median() 等函数。

3. 按照自定义的 key 分组

pandas 支持按照自定义的 key 分组，具体实例如下：

```
>>> import pandas as pd
>>> import numpy as np
>>> from pandas import Series,DataFrame
>>> dict_obj = {'key1' : ['a', 'b', 'a', 'b', 'a', 'b', 'a', 'a'],
        'key2' : ['one', 'one', 'two', 'three','two', 'two', 'one', 'three'],
        'data1': np.random.randn(8),
        'data2': np.random.randn(8)}
>>> df_obj = DataFrame(dict_obj)
>>> df_obj
   key1   key2     data1      data2
0    a    one  -0.026042   0.051420
1    b    one  -0.214902  -1.245808
2    a    two  -0.626813   0.313240
```

```
3    b  three -1.074137  0.245969
4    a    two  0.106360 -0.344038
5    b    two -0.719663 -0.877795
6    a    one -0.248008 -0.650183
7    a  three  0.861269  1.388312
>>> self_def_key = [0, 1, 2, 3, 3, 4, 5, 7]
>>> df_obj.groupby(self_def_key).size()
0    1
1    1
2    1
3    2
4    1
5    1
7    1
```

8.3.9 shape()函数

DataFrame 的 shape()函数用于返回 DataFrame 的形状，具体用法如下。

- shape：返回 DataFrame 包含几行几列。
- shape[0]：返回 DataFrame 包含几行。
- shape[1]：返回 DataFrame 包含几列。

具体实例如下：

```
>>> import pandas as pd
>>> from pandas import DataFrame
>>> frame=DataFrame({'b':[3,1,5,2],'a':[8,4,3,7],'c':[2,7,9,4]})
>>> frame
   b  a  c
0  3  8  2
1  1  4  7
2  5  3  9
3  2  7  4
>>> frame.shape
(4, 3)
>>> frame.shape[0]
4
>>> frame.shape[1]
3
```

8.3.10 info()函数

info()函数用于返回 DataFrame 的基本信息（维度、列名称、数据格式、所占空间等）。具体实例如下：

```
>>> import pandas as pd
>>> import numpy as np
>>> from pandas import DataFrame
>>> df= DataFrame({'id':[1,np.nan,3,4],'name':['asx',np.nan,'wes','asd'], 'score':
[78,90,np.nan,88]},index=list('abcd'))
>>> df.info()
```

```
<class 'pandas.core.frame.DataFrame'>
Index: 4 entries, a to d
Data columns (total 3 columns):
 #    Column  Non-Null Count  Dtype
---   ------  --------------  -----
 0    id       3 non-null      float64
 1    name     3 non-null      object
 2    score    3 non-null      float64
dtypes: float64(2), object(1)
memory usage: 128.0+ bytes
```

8.3.11　cut()函数

cut()函数用于将数据离散化，对连续变量进行分段汇总。该方法仅适用于一维数组对象。如果我们有大量标量数据并需要对其进行一些统计分析，则可以使用 cut()函数。其语法形式如下：

pandas.cut(x,bins,right = True,labels = None,retbins = False,precision = 3,include_lowest = False)

其中，各个参数的含义如下。

- x：一维数组。
- bins：一个整数或序列，用于定义箱子的边缘。如果是整数，则表示将 x 划分为多少个等距的区间；如果是序列，则表示将 x 划分在指定序列中，不在该序列中的则是 NaN。
- right：是否包含右端点。
- labels：是否用标记来代替返回的箱子。
- precision：精度。
- include_lowest：是否包含左端点。

下面是具体实例：

```
>>> import pandas as pd
>>> import numpy as np
>>> from pandas import DataFrame
>>> info_nums = DataFrame({'num': np.random.randint(1, 50, 11)})
>>> info_nums
     num
0     43
1      7
2     13
3     47
4     23
5     10
6     44
7      2
8     31
9     21
10    47
>>> info_nums['num_bins'] = pd.cut(x=info_nums['num'], bins=[1, 25, 50])
>>> info_nums
     num   num_bins
```

```
0    43   (25, 50]
1     7   (1, 25]
2    13   (1, 25]
3    47   (25, 50]
4    23   (1, 25]
5    10   (1, 25]
6    44   (25, 50]
7     2   (1, 25]
8    31   (25, 50]
9    21   (1, 25]
10   47   (25, 50]
>>> info_nums['num_bins'].unique()
[(25, 50], (1, 25]]
Categories (2, interval[int64]): [(1, 25] < (25, 50]]
```

下面演示如何向箱子添加标签：

```
>>> import pandas as pd
>>> import numpy as np
>>> from pandas import DataFrame
>>> info_nums = DataFrame({'num': np.random.randint(1, 10, 7)})
>>> info_nums
   num
0    4
1    5
2    6
3    8
4    6
5    2
6    3
>>> info_nums['nums_labels'] = pd.cut(x=info_nums['num'], bins=[1, 7, 10], labels=
['Lows', 'Highs'], right=False)
>>> info_nums
   num nums_labels
0    4        Lows
1    5        Lows
2    6        Lows
3    8       Highs
4    6        Lows
5    2        Lows
6    3        Lows
>>> info_nums['nums_labels'].unique()
['Lows', 'Highs']
Categories (2, object): ['Lows' < 'Highs']
```

8.4　汇总和描述统计

pandas 对象拥有一组常用的数学和统计方法。它们大部分都用于约简和汇总统计，用于从 Series 中提取单个值（如 sum 或 mean），或者从 DataFrame 的行或列中提取一个 Series。

8.4.1 与描述统计相关的函数

表 8-3 列出了 pandas 中与描述统计相关的函数。表 8-4 列出了函数中常见的参数。

表 8-3 与描述统计相关的函数

函数	说明
count()	非 NaN 值的数量
describe()	针对 Series 或 DataFrame 列进行汇总统计
min()、max()	计算最小值和最大值
argmin()、argmax()	计算能够获取到最小值和最大值的索引位置（整数）
Idxmin()、idxmax()	计算能够获取到最小值和最大值的索引值
quantile()	计算样本的分位数（0 到 1）
sum()	值的总和
mean()	值的平均数
median()	值的算术中位数（50%分位数）
mad()	根据平均值计算平均绝对离差
var()	样本值的方差
std()	样本值的标准差
skew()	样本值的偏度（三阶矩）
kurt()	样本值的峰度（四阶矩）
cumsum()	样本值的累计和
cummin()、cummax()	样本值的累计最大值和累计最小值
cumprod()	样本值的累计积
diff()	计算一阶差分（对时间序列很有用）
pct_change()	计算百分数变化

表 8-4 函数中常见的参数

参数	说明
axis	约简的轴，DataFrame 的行用 1，列用 0
sikpna	排除缺失值，默认值为 True
level	如果轴是层次化索引的（即 MultiIndex），则根据 level 分组约简

下面是一些具体实例：

```
>>> import numpy as np
>>> import pandas as pd
>>> from pandas import Series,DataFrame
>>> df=DataFrame([[1.3,np.nan],[6.2,-3.4],[np.nan,np.nan],[0.65,-1.4]],columns= ['one','two'])
```

```
>>> df.sum()    # 计算每列的和，默认排除 NaN
one     8.15
two    -4.80
dtype: float64
>>> df.sum(axis=1)    # 计算每行的和，默认排除 NaN
0     1.30
1     2.80
2     0.00
3    -0.75
dtype: float64
>>> # 计算每行的和，设置 skipna=False，NaN 参与计算，结果仍为 NaN
>>> df.sum(axis=1,skipna=False)
0      NaN
1     2.80
2      NaN
3    -0.75
dtype: float64
>>> df.mean(axis=1)
0     1.300
1     1.400
2       NaN
3    -0.375
dtype: float64
>>> df.mean(axis=1,skipna=False)    # 计算每行的平均值，NaN 参与计算
0       NaN
1     1.400
2       NaN
3    -0.375
dtype: float64
>>> df.cumsum()    # 求样本值的累计和
    one   two
0  1.30   NaN
1  7.50  -3.4
2   NaN   NaN
3  8.15  -4.8
>>> df.describe()    # 针对列进行汇总统计
            one       two
count  3.000000  2.000000
mean   2.716667 -2.400000
std    3.034112  1.414214
min    0.650000 -3.400000
25%    0.975000 -2.900000
50%    1.300000 -2.400000
75%    3.750000 -1.900000
max    6.200000 -1.400000
```

8.4.2 唯一值、值计数以及成员资格

表 8-5 给出了唯一值、值计数以及成员资格方法。

表 8-5 唯一值、值计数以及成员资格方法

方法	说明
isin()	计算出一个表示 "Series 各值是否包含于传入的值序列中" 的布尔类型数组
unique()	计算 Series 中的唯一值数组,按发现的顺序返回
value_counts()	返回一个 Series,其索引为唯一值,其值为频率,按计数值降序排列

1. 唯一值和值计数

下面是关于唯一值和值计数的具体实例:

```
>>> import pandas as pd
>>> from pandas import Series
>>> s = Series([3,3,1,2,4,3,4,6,5,6])
>>> # 判断 Series 中的值是否重复, False 表示重复
>>> print(s.is_unique)
False
>>> # 输出 Series 中不重复的值, 返回值没有排序, 返回值的类型为数组
>>> s.unique()
array([3, 1, 2, 4, 6, 5], dtype=int64)
>>> # 统计 Series 中重复值出现的次数, 默认按出现次数降序排序
>>> s.value_counts()
3    3
4    2
6    2
1    1
2    1
5    1
dtype: int64
>>> # 按照重复值的大小排序输出频率
>>> s.value_counts(sort=False)
1    1
2    1
3    3
4    2
5    1
6    2
dtype: int64
```

2. 成员资格判断

下面是关于成员资格判断的具体实例:

```
>>> import pandas as pd
>>> from pandas import Series,DataFrame
>>> s = Series([6,6,7,2,2])
>>> s
```

```
0    6
1    6
2    7
3    2
4    2
dtype: int64
>>> # 判断矢量化集合的成员资格，返回一个布尔类型的 Series
>>> s.isin([6])
0     True
1     True
2     False
3     False
4     False
dtype: bool
>>> type(s.isin([6]))
<class 'pandas.core.series.Series'>
>>> # 通过成员资格方法选取 Series 中的数据子集
>>> s[s.isin([6])]
0    6
1    6
dtype: int64
>>> data = [[4,3,7],[3,2,5],[7,3,6]]
>>> df = DataFrame(data,index=["a","b","c"],columns=["one","two","three"])
>>> df
   one  two  three
a    4    3      7
b    3    2      5
c    7    3      6
>>> # 返回一个布尔类型的 DataFrame
>>> df.isin([2])
      one    two   three
a   False  False   False
b   False   True   False
c   False  False   False
>>> # 选取 DataFrame 中值为 2 的数据，其他为 NaN
>>> df[df.isin([2])]
   one  two  three
a  NaN  NaN    NaN
b  NaN  2.0    NaN
c  NaN  NaN    NaN
>>> # 选取 DataFrame 中值为 2 的数据，将 NaN 用 0 进行填充
>>> df[df.isin([2])].fillna(0)
   one  two  three
a  0.0  0.0    0.0
b  0.0  2.0    0.0
c  0.0  0.0    0.0
```

8.5　处理缺失数据

缺失数据是在大部分数据分析应用中很常见的问题。pandas 的设计目标之一就是让缺失数据的处理任务尽量轻松。pandas 使用浮点数（NaN）表示浮点和非浮点数据中的缺失数据，它只是一个便于被检测出来的标记而已。Python 中的内置 none 也会被当作缺失数据处理。表 8-6 列出了pandas 中与处理缺失数据相关的方法。

表 8-6　　　　　　　　　　　　　与处理缺失数据相关的方法

方法	说明
dropna()	根据各标签值中是否存在缺失数据对轴标签进行过滤，可通过阈值调节对缺失数据的容忍度
fillna()	用指定值或插值方法（如 ffill 或 bfill）填充缺失数据
isnull()	返回一个含有布尔值的对象，这些布尔值表示哪些值是缺失值/ NaN，该对象的类型与源类型一样
notnull()	isnull 的否定式

8.5.1　检查缺失值

为了更容易检测缺失值，pandas 提供了 isnull()方法和 notnull()方法，它们也是 Series 和DataFrame 对象的方法。下面是具体实例：

```
>>> import pandas as pd
>>> import numpy as np
>>> from pandas import Series,DataFrame
>>> df = DataFrame(np.random.randn(5, 3), index=['a', 'c', 'e', 'f','h'],columns=['one', 'two', 'three'])
>>> df = df.reindex(['a', 'b', 'c', 'd', 'e', 'f', 'g', 'h'])
>>> df['one'].isnull()
a    False
b     True
c    False
d     True
e    False
f    False
g     True
h    False
Name: one, dtype: bool
>>> df['one'].notnull()
a     True
b    False
c     True
d    False
e     True
f     True
g    False
```

```
h       True
Name: one, dtype: bool
```

8.5.2 清理/填充缺失值

pandas 提供了各种方法来清除缺失的值。fillna()方法可以用非空数据"填充"缺失值。下面是具体实例：

```
>>> import pandas as pd
>>> import numpy as np
>>> from pandas import Series,DataFrame
>>>df=pd.DataFrame(np.random.randn(3,3),index=['a','c', 'e'],columns=['one','two',
'three'])
>>> df = df.reindex(['a', 'b', 'c'])
>>> df
        one         two       three
a -0.963024  -0.284216 -1.762598
b       NaN        NaN        NaN
c  0.677290   0.320812  -0.145247
>>> df.fillna(0)  # 用 0 填充缺失值
        one         two       three
a -0.963024  -0.284216 -1.762598
b  0.000000   0.000000  0.000000
c  0.677290   0.320812 -0.145247
>>> df.fillna(method='pad')   # 填充时和前一行的数据相同
        one         two       three
a -0.963024  -0.284216 -1.762598
b -0.963024  -0.284216 -1.762598
c  0.677290   0.320812 -0.145247
>>> df.fillna(method='backfill')   # 填充时和后一行的数据相同
        one         two       three
a -0.963024  -0.284216 -1.762598
b  0.677290   0.320812 -0.145247
c  0.677290   0.320812 -0.145247
```

8.5.3 排除缺少的值

如果只想排除缺少的值，则使用 dropna()方法和 axis()参数。 默认情况下，axis = 0，即在行上应用，这意味着如果行内的任何值缺失，那么整行被排除。下面是具体实例：

```
>>> import pandas as pd
>>> import numpy as np
>>> from pandas import Series,DataFrame
>>>df=DataFrame(np.random.randn(5,3),index=['a','c','e', 'f','h'],columns=['one',
'two', 'three'])
>>> df = df.reindex(['a', 'b', 'c', 'd', 'e', 'f', 'g', 'h'])
>>> df
```

```
        one       two      three
a -0.249220 -0.003033 -0.615404
b       NaN       NaN       NaN
c  0.034787 -0.056103 -0.389375
d       NaN       NaN       NaN
e -0.453844  1.131537  0.273852
f -0.895511 -0.306457 -0.135208
g       NaN       NaN       NaN
h  0.701194  0.556521 -0.341591
>>> df.dropna()   # 默认情况下，axis = 0，即在行上应用
        one       two      three
a -0.249220 -0.003033 -0.615404
c  0.034787 -0.056103 -0.389375
e -0.453844  1.131537  0.273852
f -0.895511 -0.306457 -0.135208
h  0.701194  0.556521 -0.341591
>>> df.dropna(axis=1)   # axis = 1 时在列上应用
Empty DataFrame
Columns: []
Index: [a, b, c, d, e, f, g, h]
>>> # 可以用一些具体的值取代一个通用的值
>>> df = DataFrame({'one':[1,2,3,4,5,300],'two':[200,0,3,4,5,6]})
>>> df
   one  two
0    1  200
1    2    0
2    3    3
3    4    4
4    5    5
5  300    6
>>> df.replace({200:10,300:60})
   one  two
0    1   10
1    2    0
2    3    3
3    4    4
4    5    5
5   60    6
```

8.6　综合实例

本节给出一些使用 pandas 进行数据清洗的综合实例。在数据分析过程中，需结合 Matplotlib 库将数据以图表的形式可视化，反映数据的各项特征。因此，在介绍具体实例之前，首先学习 Matplotlib 的基本用法。

8.6.1　Matplotlib 的使用方法

Matplotlib 是 Python 中著名的绘图库，它提供了一整套和 MATLAB 相似的 API，十分适合交互式制图。也可以方便地将它作为绘图控件嵌入图形用户界面（Graphics User Interface，GUI）应用程序。Matplotlib 能够创建多数类型的图表，如条形图、散点图、饼图、堆叠图、3D 图和地图图表等。

Python 安装好以后，默认是没有安装 Matplotlib 库的，需要单独安装。在 Windows 操作系统中打开一个 cmd 命令行窗口，执行如下命令安装 Matplotlib 库：

```
> pip install matplotlib
```

下面介绍如何使用 Matplotlib 绘制一些简单的图表。

首先导入 pyplot 模块：

```
>>> import matplotlib.pyplot as plt
```

接下来，我们调用 plot()方法绘制一些坐标：

```
>>> plt.plot([1,2,3],[4,8,5])
```

plot()方法需要很多参数，但是最主要的是前 2 个参数，分别表示 x 坐标和 y 坐标。例如，上面的语句中有两个列表[1,2,3]和[4,8,5]，表示生成了 3 个坐标点(1,4)、(2,8)和(3,5)。

下面把图表显示到屏幕上，如图 8-1 所示。

```
>>> plt.show()
```

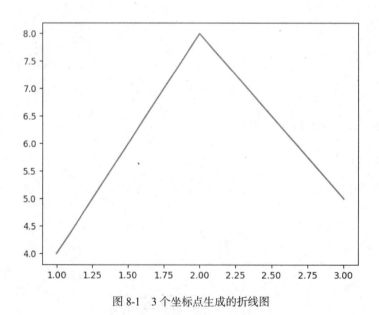

图 8-1　3 个坐标点生成的折线图

下面画出 2 条折线，给每条折线一个名称，并显示到屏幕上，如图 8-2 所示。

```
>>> x = [1,2,3]        # 第 1 条折线的横坐标
>>> y = [4,8,5]        # 第 1 条折线的纵坐标
>>> x2 = [1,2,3]         # 第 2 条折线的横坐标
```

```
>>> y2 = [11,15,13]        # 第 2 条折线的纵坐标
>>> plt.plot(x, y, label='First Line')      # 绘制第 1 条折线,给折线一个名称'First Line'
>>> plt.plot(x2, y2, label='Second Line')   # 绘制第 2 条折线,给折线一个名称'Second Line'
>>> plt.xlabel('Plot Number')    # 给横坐标轴添加名称
>>> plt.ylabel('Important var')     # 给纵坐标轴添加名称
>>> plt.title('Graph Example\nTwo lines')  # 添加标题
>>> plt.legend()    # 添加图例
>>> plt.show()    # 显示到屏幕上
```

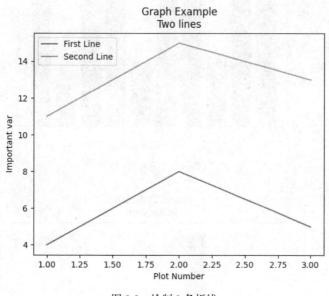

图 8-2　绘制 2 条折线

下面介绍条形图的绘制方法，显示效果如图 8-3 所示。

```
>>> plt.bar([1,3,5,7,9],[6,3,8,9,2], label="First Bar")    # 第 1 个数据系列
>>> # 下面的 color='g'表示设置颜色为绿色
>>> plt.bar([2,4,6,8,10],[9,7,3,6,7], label="Second Bar", color='g')   # 第 2 个数据
系列
>>> plt.legend()   # 添加图例
>>> plt.xlabel('bar number')    # 给横坐标轴添加名称
>>> plt.ylabel('bar height')     # 给纵坐标轴添加名称
>>> plt.title('Bar Example\nTwo bars!')   # 添加标题
>>> plt.show()    # 显示到屏幕上
```

下面介绍直方图的绘制方法，显示效果如图 8-4 所示。

```
>>> population_ages = [21,57,61,47,25,21,33,41,41,5,96,103,108,
        121,122,123,131,112,114,113,82,77,67,56,46,44,45,47]
>>> bins = [0,10,20,30,40,50,60,70,80,90,100,110,120,130]
>>> plt.hist(population_ages, bins, histtype='bar', rwidth=0.8)
```

```
>>> plt.xlabel('x')
>>> plt.ylabel('y')
>>> plt.title('Graph Example\n Histogram')
>>> plt.show()    #显示到屏幕上
```

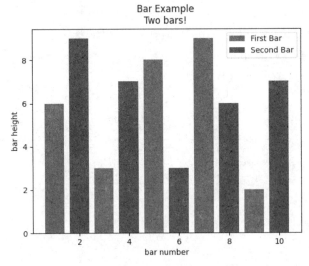

图 8-3　条形图

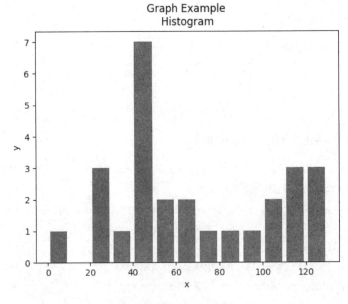

图 8-4　直方图

下面介绍饼图的绘制方法，显示效果如图 8-5 所示。

```
>>> slices = [7,2,2,13]   # 即 activities 分别占比 7/24,2/24,2/24,13/24
>>> activities = ['sleeping','eating','working','playing']
>>> cols = ['c','m','r','b']
>>> plt.pie(slices,
        labels=activities,
```

```
        colors=cols,
        startangle=90,
        shadow= True,
        explode=(0,0.1,0,0),
        autopct='%1.1f%%')
>>> plt.title('Graph Example\n Pie chart')
>>> plt.show()        # 显示到屏幕上
```

其他图表（如散点图、堆叠图等）的绘制方法由于后面的实例中不会用到，因此这里不做介绍，感兴趣的读者可以参考相关书籍或网络资料。

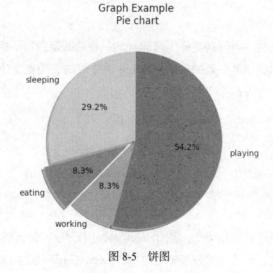

图 8-5　饼图

8.6.2　实例 1：对一个数据集进行基本操作

假设有一个关于食品信息的数据集 food_info.csv，下面利用这个数据集进行一些基本的数据分析操作：

```
>>> import pandas
>>> food_info = pandas.read_csv("D:\\food_info.csv")
>>> # 使用 head()方法读取前几行数据，参数为空时默认展示 5 行数据，可以传入其他数字，如 4、9 等
>>> food_info.head()
>>> # 使用 tail()方法从后向前读取后几行数据，参数为空时默认展示 5 行数据，可以传入其他数字，如 4、9 等
>>> food_info.tail()
>>> # 使用 columns 方法打印列名，作用是可以看到每一列的数据的含义
>>> food_info.columns
>>> # 使用 shape 方法打印数据的维度，即一共有几行几列
>>> food_info.shape
>>> # 也可以使用切片操作，例如，取第 3～5 行的数据
>>> food_info.loc[3:5]
>>> # 也可以传入一个列表，例如，打印第 4 行、第 6 行、第 9 行的数据
>>> food_info.loc[[4,6,9]]
```

```
>>> # 通过列名取一列数据
>>> food_info['Water_(g)']
>>> # 通过几个列名取几列数据，参数是一个含有多个列名的列表
>>> food_info[['Water_(g)','Ash_(g)']]
>>> # 找出以"(g)"结尾的列，取前3行数据打印出来
>>> col_names = food_info.columns.tolist()
>>> gram_columns = []
>>> for i in col_names:
    if i.endswith("(g)"):
        gram_columns.append(i)
>>> gram_df = food_info[gram_columns]
>>> print(gram_df.head(3))
```

可以给 DataFrame 添加一列新的特征。可能对某一列的数值进行一些简单的数学运算，又可以得到一列新的特征，例如，某一列的数据是以 mg 为单位的，现在想让该列数据以 g 为单位加入特征列。继续执行如下代码：

```
>>> iron_gram = food_info["Iron_(mg)"]/1000
>>> food_info["Iron_(g)"] = iron_gram
>>> food_info.shape
>>> # 对某一列进行归一化操作，例如，列中的每个元素都除以该列的最大值
>>> normalized_fat = food_info["Lipid_Tot_(g)"]/ food_info["Lipid_Tot_(g)"].max()
>>> print(normalized_fat)
```

还可以对某一列的值进行排序操作。调用 sort_values()方法，传入的参数是列名。inplace 属性决定是再产生一个新列，还是在原列基础上排序；ascending 属性决定是正序还是倒序排列，默认为 True，正序排列。继续执行如下代码：

```
>>> food_info.sort_values("Sodium_(mg)",inplace = True, ascending = False)
>>> print(food_info['Sodium_(mg)'])
```

8.6.3　实例2：百度搜索指数分析

给定一个百度搜索指数表 baidu_index.xls，包含 id、keyword、index、date 4 个字段，如图 8-6 所示，每行数据记录了某个关键词在某天被搜索的次数。例如，第 1 行数据的含义是，"缤智"这个关键词在 2018 年 12 月 1 日一共被搜索了 2699 次。要求计算出每个车型每个月的搜索指数（即一个月总共被搜索的次数）。

	A	B	C	D
1	id	keyword	index	date
2	1	缤智	2699	2018-12-1
3	2	缤智	2767	2018-12-2
4	3	缤智	2866	2018-12-3
5	4	缤智	2872	2018-12-4
6	5	缤智	2739	2018-12-5

图 8-6　百度指数趋势表

　　为了让 pandas 能够顺利读取 Excel 表格文件，需要安装第三方库 xlrd 和 openpyxl。打开一个 cmd 命令行窗口，执行如下命令安装第三方库：

```
> pip install xlrd
> pip install openpyxl
```

　　打开百度搜索指数表 baidu_index.xls，发现有如下问题需要处理。

　　（1）个别车型近期才有数据，之前没有数据，需要对缺失值进行处理。

　　（2）需要的结果是月级数据，但原始数据是按天给出的，需要对日期进行处理。

　　（3）对于原始数据中的 keyword 字段，为防止合并时因大小写问题而出现错误，需要进行统一处理。

　　在 IDLE 中执行如下命令：

```
>>> import numpy as np
>>> import pandas as pd
>>> index=pd.read_excel('D:\\baidu\\baidu_index.xls')
>>> # 处理缺失值
>>> index = index.fillna(0)
```

　　下面查看 date 字段的数据类型：

```
>>> index['date'].head()
0    2018-12-01
1    2018-12-02
2    2018-12-03
3    2018-12-04
4    2018-12-05
Name: date, dtype: datetime64[ns]
```

　　从返回结果“dtype: datetime64[ns]”可以看出，date 字段的数据属于日期型。注意，如果这里不是日期型，而是字符串（这时返回的信息会是“dtype：object”），则必须使用 to_datetime() 函数进行转换。

　　下面对日期进行转换，只保留月份：

```
>>> index['date']
0    2018-12-01
1    2018-12-02
2    2018-12-03
3    2018-12-04
4    2018-12-05
        ...
Name: date, Length: 6344, dtype: datetime64[ns]
>>> index['date'] = index['date'].dt.strftime('%B')
>>> index['date']
0       December
1       December
2       December
3       December
4       December
        ...
Name: date, Length: 6344, dtype: object
```

上面的语句中使用了 DataFrame 的列数据的 dt 接口，这个接口可以帮我们快速实现特定的功能。这里调用了 dt 接口下的 strftime()函数，用于对日期进行格式化处理。格式化字符串'%B'表示返回月份的英文单词，例如，"一月"则返回"January"。

下面对 keyword 字段进行数据处理，删除字段中的所有空白符，并且把英文字母全部转化为大写字母：

```
>>> index['keyword']
        ...
6339    T-cross
6340    T-cross
6341    T-cross
6342    T-cross
6343    T-cross
Name: keyword, Length: 6344, dtype: object
>>> index['keyword'] = index['keyword'].apply(lambda x: x.strip(' \r\n\t').upper())
>>> index['keyword']
        ...
6339    T-CROSS
6340    T-CROSS
6341    T-CROSS
6342    T-CROSS
6343    T-CROSS
Name: keyword, Length: 6344, dtype: object
```

下面根据 keyword 字段和 date 字段对搜索指数进行分类汇总：

```
>>> new_index_mean = index.groupby(['keyword','date'])['index'].sum()
>>> new_index_mean
keyword     date
IX25        April       29144.0
            December    32422.0
            February    28511.0
            January     32204.0
            June          882.0
                         ...
雪铁龙 C3-XR  June          184.0
            March        9967.0
            May          6419.0
            November     6346.0
            October      7757.0
Name: index, Length: 234, dtype: float64
```

8.6.4　实例 3：电影评分数据分析

有一个电影评分数据集 IMDB-Movie-Data.csv，包含电影标题、类型、导演、演员、上映年份、电影时长、评分、收入等信息，下面使用 pandas、NumPy 和 Matplotlib 对数据集进行分析。

```
>>> import matplotlib.pyplot as plt
>>> import numpy as np
```

```
>>> import pandas as pd
>>> # 读取数据
>>> movie = pd.read_csv("D:\\IMDB-Movie-Data.csv")
>>> # 查看前 5 条数据
>>> movie.head()
>>> # 求出电影评分的平均分
>>> movie['Rating'].mean()
```

下面要求出导演人数，导演可能重复，因此需要使用 np.unique()方法进行数据去重，求出唯一值，然后使用 shape 方法获取导演人数。

```
>>> np.unique(movie['Director']).shape[0]
```

下面以直方图的形式呈现电影评分的数据分布，显示效果图如图 8-7 所示。

```
>>> # 创建画布
>>> plt.figure(figsize=(20, 8), dpi=100)
>>> # 绘制图像
>>> plt.hist(movie["Rating"].values, bins=20)
>>> # 添加刻度
>>> max_ = movie["Rating"].max()
>>> min_ = movie["Rating"].min()
>>> t1 = np.linspace(min_, max_, num=21)
>>> plt.xticks(t1)
>>> # 添加网格
>>> plt.grid()
>>> # 显示
>>> plt.show()      # 显示到屏幕上
```

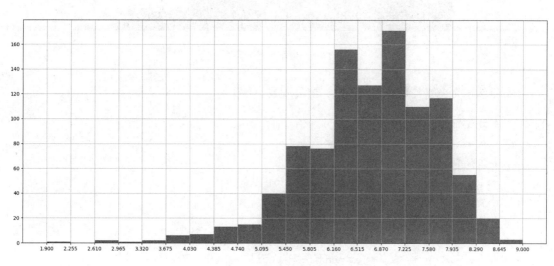

图 8-7　电影评分分布图

下面以直方图的形式呈现电影时长的数据分布，显示效果图如图 8-8 所示。

```
>>> # 查看电影时长
>>> runtime_data = movie["Runtime (Minutes)"]
>>> # 创建画布
>>> plt.figure(figsize=(20,8),dpi=80)
>>> # 求出最大值和最小值
>>> max_ = runtime_data.max()
>>> min_ = runtime_data.min()
>>> num_bin = (max_-min_)//5
>>> # 绘制图像
>>> plt.hist(runtime_data,num_bin)
>>> # 添加刻度
>>> plt.xticks(range(min_,max_+5,5))
>>> # 添加网格
>>> plt.grid()
>>> plt.show()        # 显示到屏幕上
```

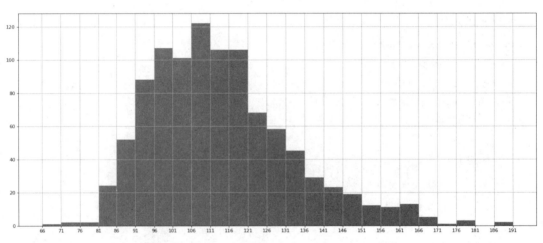

图 8-8　电影时长分布图

下面继续求评分平均数、导演人数、演员人数。

```
>>> # 查看评分平均数
>>> movie["Rating"].mean()
>>> # 查看导演人数
>>> np.unique(movie["Director"]).shape[0]
>>> len(set(movie["Director"].tolist()))
>>> # 查看演员人数
>>> num = movie["Actors"].str.split(',').tolist()
>>> actor_nums = [j for i in num for j in i]
>>> len(set(actor_nums))
```

下面统计电影分类情况。

```
>>> movie["Genre"].head()
0       Action,Adventure,Sci-Fi
1       Adventure,Mystery,Sci-Fi
2               Horror,Thriller
3       Animation,Comedy,Family
4       Action,Adventure,Fantasy
Name: Genre, dtype: object
```

从上面的执行结果可以看出，一部电影可能属于多个分类。因此，统计每个分类中电影的个数的基本思路是，创建一个 DataFrame，取每一个分类名为列名，行填充为 0，当某部电影属于某个分类时，对应的 0 替换成 1。最后，对每个列的 1 进行求和，就可以计算出每个分类的电影个数，如图 8-9 所示。显示效果如图 8-10 所示。

```
>>> # 将'Genre'转化为列表
>>> temp_list = [i for i in movie['Genre']]
>>> # 去除分隔符，变成二维数组
>>> temp_list = [i.split(sep=',') for i in movie['Genre']]
>>> # 提取二维数组中元素
>>> [i for j in temp_list for i in j]
>>> # 去重，得到所有电影类别
>>> array_list = np.unique([i for j in temp_list for i in j])
>>> # 创建一个全为 0 的 DataFrame，列索引置为电影的分类
>>> array_list.shape
>>> movie.shape
>>> np.zeros((movie.shape[0], array_list.shape[0]))
>>> genre_zero = pd.DataFrame(np.zeros((movie.shape[0], array_list.shape[0])),
        columns=array_list,
        index=movie["Title"])
>>> # 遍历每一部电影，DataFrame 中把分类出现的列的值置为 1
>>> for i  in range(movie.shape[0]):
genre_zero.iloc[i, genre_zero.columns.get_indexer(temp_list[i])] = 1
>>> genre_zero
>>> # 对每个分类求和
>>> genre_zero.sum(axis=0)
>>> # 排序、画图
>>> new_zeros = genre_zero.sum(axis=0)
>>> new_zeros
>>> genre_count = new_zeros.sort_values(ascending=False)
>>> x_ = genre_count.index
>>> y_ = genre_count.values
>>> plt.figure(figsize=(20,8),dpi=80)
>>> plt.bar(range(len(x_)),y_,width=0.4,color="orange")
```

```
>>> plt.xticks(range(len(x_)),x_)
>>> plt.show()      # 显示到屏幕上
```

Genre			a	b	c	d	e	f	g
1	"b,c,d"		0	1	1	1	0	0	0
2	"c,e,f"		0	0	1	0	1	1	0
3	"a,b,g"		1	1	0	0	0	0	1
4	"d,e,f"		0	0	0	1	1	1	0
5	"a,c,f"		1	0	1	0	0	1	0

图 8-9　统计电影分类个数的思路

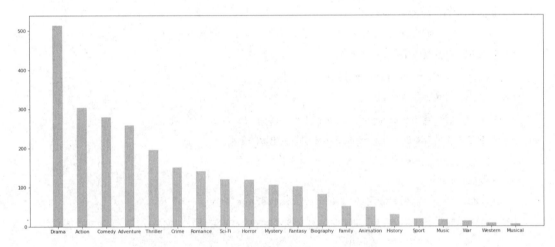

图 8-10　每个分类的电影个数分布图

8.6.5　实例 4：App 行为数据预处理

信用评分实际上是对借贷申请人做一个风险评估。在当今这个大数据时代，信用评分被广泛应用在金融风控领域，金融机构通过对用户进行风险评估来做出相应的决策，从而降低损失。同时，以金融服务为主的应用程序（App）的受众面也在逐渐扩大，App 服务不仅涵盖资金交易、理财、信贷等各种金融场景，也延伸到饭票、影票、出行、资讯等非金融场景，可以构建用户的信用评分，为用户提供更优质便捷的服务。

本实例将展示如何使用 pandas 对 App 行为数据集进行清洗，以便将其用于后续的数据分析环节。

1．数据集

App 行为数据集包含 3 个表，分别是用户标签表 tag.csv、交易行为表 tradition.csv 和 App 行为表 behavior.csv。这 3 个数据集可以从本书官网的"下载专区"的"数据集"目录中下载。表 8-7、表 8-8 和表 8-9 分别给出了这 3 个表的字段信息。

表 8-7　　　　　　　　　　　　　用户标签表的字段信息

Id	用户标识
flag	目标变量
cur_debit_cnt	持有招行借记卡张数
cur_credit_cnt	持有招行信用卡张数
cur_debit_min_opn_dt_cnt	持有招行借记卡天数
cur_credit_min_opn_dt_cnt	持有招行信用卡天数
cur_debit_crd_lvl	招行借记卡持卡最高等级代码
hld_crd_card_grd_cd	招行信用卡持卡最高等级代码
crd_card_act_ind	信用卡活跃标识
l1y_crd_card_csm_amt_dlm_cd	最近一年信用卡消费金额分层
atdd_type	信用卡还款方式
perm_crd_lmt-_cd	信用卡永久信用额度分层
age	年龄
gdr_cd	性别
mrg_situ_cd	婚姻状况
edu_deg_cd	教育程度
acdm_deg_cd	学历
deg_cd	学位
job_year	工作年限
ic_ind	工商标识
fr_or_sh_ind	法人或股东标识
dnl_mbl_bnk_ind	下载并登录招行 App 标识
dnl_bind_cmb_lif_ind	下载并绑定掌上生活标识
hav_car_grp_ind	有车一族标识
hav_hou_grp_ind	有房一族标识
l6mon_agn_ind	近 6 个月代发工资标识
frs_agn_dt_cnt	首次代发工资距今天数
vld_rsk_ases_ind	有效投资风险评估标识
fin_rsk_ases_grd_cd	用户理财风险承受能力等级代码
confirm_rsk_ases_lvl_typ_cd	投资强风评等级类型代码
cust_inv_rsk_endu_lvl_cd	用户投资风险承受级别
l6mon_daim_aum_cd	近 6 个月月日均资产管理规模分层
tot_ast_lvl_cd	总资产级别代码
pot_ast_lvl_cd	潜力资产等级代码

Id	用户标识
bk1_cur_year_mon_avg_agn_amt_cd	本年月均代发金额分层
l12mon_buy_fin_mng_whl_tms	近 12 个月理财产品购买次数
l12_mon_fnd_buy_whl_tms	近 12 个月基金购买次数
l12_mon_insu_buy_whl_tms	近 12 个月保险购买次数
l12_mon_gld_buy_whl_tms	近 12 个月黄金购买次数
loan_act_ind	贷款用户标识
pl_crd_lmt_cd	个贷授信总额度分层
ovd_30d_loan_tot_cnt	30 天以上逾期贷款的总笔数
his_lng_ovd_day	历史贷款最长逾期天数

表 8-8　　　　　　　　　　交易行为表的字段信息

Id	用户标识
flag	目标变量
Dat_Flg1_Cd	交易方向
Dat_Flg3_Cd	支付方式
Trx_Cod1_Cd	收支一级分类代码
Trx_Cod2_Cd	收支二级分类代码
trx_tm	交易时间
cny_trx_amt	交易金额

表 8-9　　　　　　　　　　App 行为表的字段信息

Id	用户标识
flag	目标变量
page_no	页面编码
page_tm	访问时间

在本实例中，需要预测的量就是字段 flag，flag 为 1 即为评估通过，为 0 即为评估不通过，所以这是一个二分类问题。

2. 探索性数据分析

在数据挖掘之前进行数据初探是很有必要的。通过探索性分析建立对数据的初步直观感受，有助于制定更加清晰的分析步骤和选用更好的分析方案。

本实例分析所利用的工具主要是 Python，运用到的第三方库主要是 NumPy、pandas、Matplotlib 等。如果此前没有安装，则需要在 cmd 命令行窗口中执行如下命令安装这些第三方库（假设已经安装了 Python 3.x）：

```
> pip install numpy
> pip install pandas
> pip install matplotlib
```

使用下面的命令可以查看已经安装的第三方库的信息：

```
> pip list
```

首先导入所需的包：

```
>>> import numpy as np
>>> import pandas as pd
>>> import matplotlib.pyplot as plt
>>> from datetime import datetime
>>> import time
```

读取文件，将表格数据读入 pandas 的 DataFrame 以便分析：

```
>>> tag=pd.read_csv("C:\\Python38\\dataset\\tag.csv")
>>> trd=pd.read_csv("C:\\Python38\\dataset\\tradition.csv")
>>> beh=pd.read_csv("C:\\Python38\\dataset\\behavior.csv")
```

下面利用 pandas 里的 info()函数查看数据的大概情况：

```
>>> # tag 数据
>>> tag.info()
<class 'pandas.core.frame.DataFrame'>
RangeIndex: 39923 entries, 0 to 39922
Data columns (total 43 columns):
 #    Column                      Non-Null Count   Dtype
---   ------                      --------------   -----
 0    id                          39923 non-null   object
 1    flag                        39923 non-null   int64
 2    gdr_cd                      39923 non-null   object
 3    age                         39923 non-null   int64
 4    mrg_situ_cd                 39923 non-null   object
 5    edu_deg_cd                  27487 non-null   object
 6    acdm_deg_cd                 39922 non-null   object
 7    deg_cd                      18960 non-null   object
 8    job_year                    39923 non-null   object
 9    ic_ind                      39923 non-null   object
 ...
 35   l1y_crd_card_csm_amt_dlm_cd 39923 non-null   object
 36   atdd_type                   16266 non-null   object
 37   perm_crd_lmt_cd             39923 non-null   int64
 ...
dtypes: int64(11), object(32)
memory usage: 13.1+ MB

>>> # trd 数据
>>> trd.info()
<class 'pandas.core.frame.DataFrame'>
RangeIndex: 1367211 entries, 0 to 1367210
Data columns (total 8 columns):
 #   Column          Non-Null Count     Dtype
```

```
---   ------         --------------    -----
 0    id             1367211 non-null  object
 1    flag           1367211 non-null  int64
 2    Dat_Flg1_Cd    1367211 non-null  object
 3    Dat_Flg3_Cd    1367211 non-null  object
 4    Trx_Cod1_Cd    1367211 non-null  int64
 5    Trx_Cod2_Cd    1367211 non-null  int64
 6    trx_tm         1367211 non-null  object
 7    cny_trx_amt    1367211 non-null  float64
dtypes: float64(1), int64(3), object(4)
memory usage: 83.4+ MB
>>> # beh 数据
>>> beh.info()
<class 'pandas.core.frame.DataFrame'>
RangeIndex: 934282 entries, 0 to 934281
Data columns (total 4 columns):
 #   Column  Non-Null Count   Dtype
---  ------  --------------   -----
 0   id      934282 non-null  object
 1   flag    934282 non-null  int64
 2   page_no 934282 non-null  object
 3   page_tm 934282 non-null  object
dtypes: int64(1), object(3)
memory usage: 28.5+ MB
```

从上面的结果可以看出，tag 表中有四个字段 edu_deg_cd、acdm_deg_cd、deg_cd 和 atdd_type 存在缺失值。在接下来的数据预处理中需要进行填补操作。

下面查看用户在各个表中的信息：

```
>>> total=tag.shape[0]    # shape[0]用于获取数据的行数
>>> total
39923
>>> tradition_total=trd.groupby('id').count().shape[0]
>>> tradition_total
31993
>>> behavior_total=beh.groupby('id').count().shape[0]
>>> behavior_total
11913
>>> print(tradition_total/total)    # 大概80%的用户有交易记录
0.80 13676326929339
>>> print(behavior_total/total)     # 仅有大约30%的用户有 App 行为数据
0.29 83994188813466
```

上面的代码中，shape[0]是 pandas 的常用函数，用来获取 DataFrame 的行数，shape[1]用于获取 DataFrame 的列数，shape 用于获取 DataFrame 的行数和列数。

用数据可视化来展示，显示效果如图 8-11 所示代码如下：

```
>>> x=['total','tradition_total','behavior_total']
>>> y=[total,tradition_total,behavior_total]
>>> plt.figure(figsize=(8,8))
<Figure size 800x800 with 0 Axes>
>>> plt.bar(x,y,width=0.3)
<BarContainer object of 3 artists>
>>> plt.show()        # 在屏幕上显示
```

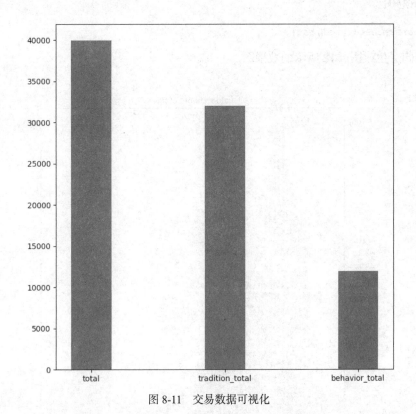

图 8-11　交易数据可视化

通过上面的分析可以发现，有部分用户是没有交易记录和 App 行为记录的。大概有 80% 的用户有交易记录，而仅有 30% 的人有 App 行为记录。由于 App 行为记录表中的缺失值实在太多，因此在后面的数据挖掘中不将该表加入特征。

3. 数据预处理

数据预处理主要是对数据进行清洗，如处理缺失值、重复值、异常值以及类型转换、分桶处理等。

（1）tag 表数据预处理

① 对 age 特征进行分桶处理

这里先写一个可以输出各个特征情况的柱状图的函数，来帮助我们更加直观地分析观察数据。

```
>>> # 用柱状图统计各个特征情况
>>> def feature_bar(feature,data,figsize=(8,8)):
    feat_data=data[feature].value_counts()
    plt.figure(figsize=figsize)
```

```
        plt.bar(feat_data.index.values,feat_data.values,color='red',alpha=0.5)
        plt.title('value_counts of '+feature)
        plt.ylabel('counts')
        plt.xlabel('value')
        plt.show()
```

调用时需要使用 feature_bar('特征名',数据表)。例如，要查看 tag 表中的 age 特征的情况，可以使用如下语句：

```
>>> feature_bar('age',tag)
```

这条语句会生成图 8-12 所示的效果图。

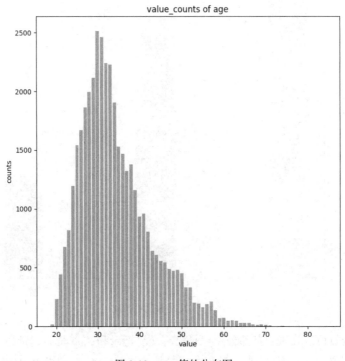

图 8-12　age 值的分布图

从图 8-12 可以看出，用户年龄主要分布在 30 岁到 40 岁之间。

在 tag 表中，age 特征是连续值。为了方便后面分析，这里对其进行分桶处理。虽然这里没有缺失值，但是与连续值相比，离散值能降低数据的复杂度，在训练过程中能提升模型的运算速度，且在加减特征中操作较容易，模型也不会因为特征的小变动而有较大波动，总体来说输出会更加稳定。

下面对 age 特征进行分桶处理：

```
>>> # 对年龄段做分桶
>>> bins=[i*10 for i in range(1,10)]
>>>
group_names=['[10,20)','[20,30)','[30,40)','[40,50)','[50,60)', '[60,70)',' [70,
80)','[80,90)']
```

```
>>> catagories=pd.cut(tag['age'],bins,labels=group_names)
>>> tag['age']=catagories
```

在这里将 age 特征按照 10～90 岁平均每 10 岁分一次，原因是 age 的最大值、最小值分别为 84 和 19，所以大致分成 8 个桶。

② 填补缺失值

在前面的探索性数据分析中我们已经知道，tag 表有四个字段是存在缺失值的，分别是 edu_deg_cd、acdm_deg_cd、deg_cd 和 atdd_type。下面通过观察这 4 个字段具体的取值情况来决定如何填补缺失值。

```
>>>  # 查看有缺失值的字段的情况
>>> print(tag['edu_deg_cd'].value_counts())
F      6917
C      6695
B      6672
K      2312
Z      2097
G       953
A       889
\N      736
～      108
M        54
L        33
D        20
J         1
Name: edu_deg_cd, dtype: int64
>>> tag['acdm_deg_cd'].value_counts()
G     13267
31    10419
30     8229
Z      4469
F      1635
C      1064
\N      736
D       103
Name: acdm_deg_cd, dtype: int64
>>> print(tag['deg_cd'].value_counts())
～     17050
\N      736
A       543
B       332
Z       171
C       118
D        10
Name: deg_cd, dtype: int64
>>> feature_bar('edu_deg_cd',tag)
>>> feature_bar('acdm_deg_cd',tag)
>>> feature_bar('deg_cd',tag)
>>> feature_bar('atdd_type',tag)
```

上面的代码中，feature_bar('edu_deg_cd'，tag)、feature_bar('acdm_deg_cd'，tag)、feature_bar ('deg_cd'，tag)和 feature_bar('atdd_type'，tag)这 4 条语句生成的图形分别如图 8-13 ~ 图 8-16 所示。

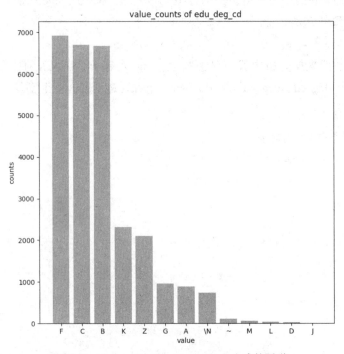

图 8-13　feature_bar('edu_deg_cd',tag)生成的图形

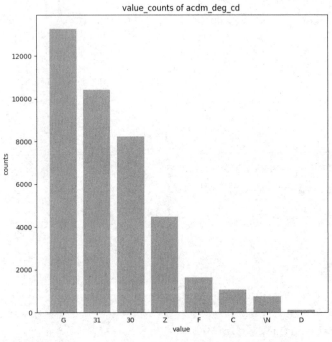

图 8-14　feature_bar('acdm_deg_cd',tag)生成的图形

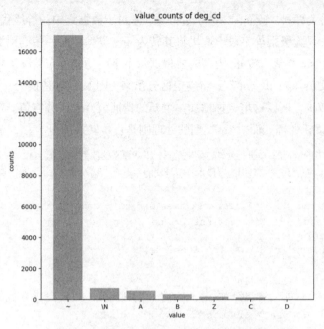

图 8-15　feature_bar('deg_cd',tag)生成的图形

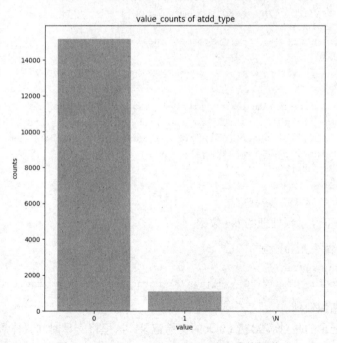

图 8-16　feature_bar('atdd_type',tag)生成的图形

了解缺失值的基本情况以后，下面我们选用常规的方法来填补缺失值。具体操作如下：

```
>>> tag['edu_deg_cd'].fillna('～',inplace=True)
>>> tag['acdm_deg_cd'].fillna(r'\N',inplace=True)
>>> tag['deg_cd'].fillna('～',inplace=True)
>>> tag['atdd_type'].fillna(r'\N',inplace=True)
```

③ 对特征根据具体情况进行类型转换及值转换

类型转换大致分为两种：转 int 类型与转 str 类型。对于数据集中的等级代码或者连续型字段，如持卡天数、张数、风险级别等字段，这里将其转为 int 类型；而一些类别类字段，如学历、学位、性别等，则转为 str 类型。转 int 类型时要根据每个字段的值分布情况决定\N 字段是替换为 0 还是–1。例如，字段'frs_agn_dt_cnt'若要将空值区分出来，则\N 最好替换为 0，因为原本的数据分布有–1，而 0 相对较少，所以这里选择增加一个新的特征值 0 来区分空值。根据这个思路，对转 int 类型的数值进行重新处理。而对 str 类型的处理则是直接转换即可。

```
>>> # 对 int 类型的特征的\N 进行处理，原则是不要干扰原来的比例，将\N 当作一个新的类型
>>> # columns1 将\N 转成 0 是因为字段本身有特殊的一类-1，需要将\N 与-1 区分开来
>>>
columns1=['frs_agn_dt_cnt','fin_rsk_ases_grd_cd','confirm_rsk_ases_lvl_typ_cd',
'cust_inv_rsk_endu_lvl_cd','tot_ast_lvl_cd','pot_ast_lvl_cd','hld_crd_card_grd_cd']
>>> for i in columns1:
    tag[i].replace({r'\N':0},inplace=True)
    # 转 int 类型
    tag[i]=tag[i].astype(int)
>>> # columns2 将\N 转成-1，思路其实一样，为了将\N 与数据区分开来，因字段里有表示数字的 0，故将\N 转为-1
>>> columns2=['job_year','l12mon_buy_fin_mng_whl_tms',
'l12_mon_fnd_buy_whl_tms','l12_mon_insu_buy_whl_tms',
l12_mon_gld_buy_whl_tms','ovd_30d_loan_tot_cnt',
'his_lng_ovd_day','l1y_crd_card_csm_amt_dlm_cd']
>>> for i in columns2:
    tag[i].replace({r'\N':-1},inplace=True)
    # 转 int 类型
    tag[i]=tag[i].astype(int)
>>> # 转 str 类型
>>> columns3=['gdr_cd','mrg_situ_cd','edu_deg_cd','acdm_deg_cd','deg_cd',
'ic_ind','fr_or_sh_ind', dnl_mbl_bnk_ind','dnl_bind_cmb_lif_ind','hav_car_grp_ind',
'hav_hou_grp_ind', l6mon_agn_ind','vld_rsk_ases_ind','loan_act_ind',
'crd_card_act_ind','atdd_type','age']
>>> for i in columns3:
    # 转 str 类型
    tag[i]=tag[i].astype(str)
```

最后，保存一下经过预处理的 tag 数据：

```
>>> # 保存补充缺失值后的数据
>>> completed_tag=tag
>>> completed_tag.to_csv("C:\\Python38\\dataset\\completed_tag.csv")
```

（2）trd 表数据预处理

trd 表中主要记录的是对应 id 近 60 天的交易记录，这里将交易时间具体展开，以便于后面的特征提取：

```
>>> # 对交易时间 trx_tm 特征进行提取，提取出年、月、日等信息
>>> trd['date']=trd['trx_tm'].apply(lambda x: x[0:10])
>>> trd['month']=trd['trx_tm'].apply(lambda x: int(x[5:7]))
>>> trd['day_1']=trd['trx_tm'].apply(lambda x: int(x[8:10]))
>>> trd['hour']=trd['trx_tm'].apply(lambda x: int(x[11:13]))
>>> trd['trx_tm']=trd['trx_tm'].apply(lambda x: datetime.strptime(x, '%Y-%m-%d %H:%M: %S'))
>>> trd['day']=trd['trx_tm'].apply(lambda x: x.dayofyear)
```

```
>>> trd['weekday']=trd['trx_tm'].apply(lambda x: x.weekday())
>>> trd['isWeekend']=trd['weekday'].apply(lambda x: 1 if x in [5, 6] else 0)
>>> trd['trx_tm']=trd['trx_tm'].apply(lambda x: int(time.mktime(x.timetuple())))
```

这里主要运用了 datetime 类的一些功能将交易时间具体展开，生成了很多具体的特征。其中 day_1 字段只是单纯截取了该日期中"日"的数字，而 day 字段则是生成该时间是当年的第几天，所以两者需要区分开来。

最后，保存一下经过预处理的 trd 数据：

```
>>> # 保存补充后的数据，用于数据分析
>>> completed_trd=trd
>>> completed_trd.to_csv("C:\\Python38\\dataset\\completed_trd.csv")
```

8.7　本章小结

pandas 是基于 NumPy 的一种工具，该工具是为数据分析任务而创建的。它是使 Python 成为强大而高效的数据分析环境的重要因素之一。本章首先介绍了 Series 和 DataFrame 这两种数据结构；然后介绍了 pandas 的一些基本功能，包括重新索引，丢弃指定轴上的项，索引、选取和过滤，算术运算，函数应用和映射，排序和排名，等等；接下来介绍了与描述统计相关的函数，唯一值、值计数以及成员资格，等等，同时也介绍了缺失数据的处理；最后，通过 4 个综合实例展示了 pandas 的应用方法。

8.8　习题

1. 请阐述 pandas 的具体功能。

2. pandas 提供了 DataFrame()函数来构建 DataFrame，其中，可以输入给 DataFrame 构造器的数据类型有哪些？

3. 增加 Series 的索引个数时，如果新增加的索引值不存在，则默认值是多少？

4. DataFrame 的 apply()函数第二个参数 axis=0 和 axis=1 分别表示什么？

5. DataFrame 的 shape()函数有什么功能？

6. DataFrame 的 cut()函数有什么功能？

7. pandas 中与处理缺失值相关的方法有哪些？

实验 6　pandas 数据清洗初级实践

一、实验目的

（1）掌握 Series 和 DataFrame 的创建方法。

（2）熟悉 pandas 数据清洗和数据分析的常用操作方法。

（3）掌握使用 Matplotlib 库画图的基本方法。

二、实验平台

（1）操作系统：Windows 7 及以上。

（2）Python 版本：3.8.7。

（3）Python 第三方库：pandas 和 Matplotlib。

三、实验内容

1. 基础练习

（1）根据列表["Python","C","Scala","Java","GO","Scala","SQL","PHP","Python"]创建一个变量名为 language 的 Series。

（2）创建一个由随机整数组成的 Series，要求长度与 language 相同，变量名为 score。

（3）根据 language 和 score 创建一个 DataFrame。

（4）输出该 DataFrame 的前 4 行数据。

（5）输出该 DataFrame 中 language 字段为 Python 的行。

（6）将 DataFrame 按照 score 字段的值进行升序排序。

（7）统计 language 字段中每种编程语言出现的次数。

2. 酒类消费数据

有一个某段时间内各个国家的酒类消费数据表 drinks.csv，包含 6 个字段。表 8-10 列出了该表中的字段信息。

表 8-10　　　　　　　　　　　　酒类消费数据表的字段信息

country	国家
beer_servings	啤酒消费量
spirit_servings	烈酒消费量
wine_servings	红酒消费量
total_litres_of_pure_alcohol	纯酒精消费总量
continent	所在的洲

完成以下任务。

（1）用 pandas 将酒类消费数据表中的数据读取为 DataFrame，输出包含缺失值的行。

（2）在使用 read_csv()函数读取酒类消费数据表时（除文件地址外不添加额外的参数），pandas 将 continent 字段中的"NA"（代表北美洲，North American）自动识别为 NaN。因此，需要将 continent 字段中的 NaN 全部替换为字符串"NA"。

（3）分别输出各洲的啤酒、烈酒和红酒的平均消费量。

（4）分别输出啤酒、烈酒和红酒消费量最高的国家。

3. 游戏币的历史价格

给定某游戏币 2014 年 9 月 17 日至 2021 年 3 月 1 日的历史价格表 DOGE-USD.csv，该表包含

6 个字段，表 8-11 给出了该表中的字段信息。

表 8-11　　　　　　　　　　　　历史价格表的字段信息

Date	日期
Open	当天的开盘价格
High	当天的最高价格
Low	当天的最低价格
Close	当天的收盘价格
Volume	当天的成交量

请完成以下任务。

（1）用 pandas 将历史价格表中的数据读取为 DataFrame，并查看各列的数据类型。在读取数据时，pandas 是否将表中的日期字段自动读取为日期型？若否，则将其转换为日期型。

（2）该 DataFrame 中是否存在缺失值？若是，则输出数据缺失的日期，并用前一交易日的数据填充缺失值。

（3）分别输出该游戏币价格的最高值与最低值，以及达到最高值与最低值的日期。

（4）画出该游戏币每天最高价格的折线图（横轴为日期）。

（5）画出该游戏币成交量的折线图（横轴为日期）。由于成交量字段中的数据数量级变化较大，直接画图难以体现其变化趋势，尝试画出更直观的成交量折线图（提示：取对数）。

四、实验报告

"数据采集与预处理"课程实验报告

题目：		姓名：		日期：

实验环境：

实验内容与完成情况：

出现的问题：

解决方案（列出遇到的问题和解决办法，列出没有解决的问题）：

1. 林子雨. 大数据技术原理与应用[M]. 3 版. 北京：人民邮电出版社，2021.

2. 林子雨. 大数据导论[M]. 北京：人民邮电出版社，2020.

3. 林子雨，郑海山，赖永炫. Spark 编程基础：Python 版[M]. 北京：人民邮电出版社，2020.

4. 林子雨. 大数据导论——数据思维、数据能力和数据伦理：通识课版[M]. 北京：高等教育出版社，2020.

5. 明日科技. Python 从入门到精通[M]. 北京：清华大学出版社，2018.

6. 董付国. Python 程序设计基础[M]. 2 版. 北京：清华大学出版社，2018.

7. 嵩天，礼欣，黄天羽. Python 语言程序设计基础 [M]. 2 版. 北京：高等教育出版社，2017.

8. 王珊，萨师煊. 数据库系统概论[M]. 5 版. 北京：高等教育出版社，2014.

9. 马瑟斯. Python 编程：从入门到实践[M]. 袁国忠，译. 2 版. 北京：人民邮电出版社，2020.

10. 麦金尼. 利用 Python 进行数据分析[M]. 徐敬一，译. 2 版. 北京：机械工业出版社，2018.

11. 明日科技. Python 网络爬虫从入门到实践[M]. 长春：吉林大学出版社，2020.

12. 陈. Python 数据分析——活用 Pandas 库[M]. 武传海，译. 北京：人民邮电出版社，2020.

13. 牟大恩. Kafka 入门与实践[M]. 北京：人民邮电出版社，2017.

14. 埃斯特达拉. Apache Kafka 2.0 入门与实践[M]. 张华臻，译. 北京：清华大学出版社，2019.

15. 郑奇煌. Kafka 技术内幕[M]. 北京：人民邮电出版社，2017.

16. 史瑞德哈伦. Flume：构建高可用、可扩展的海量日志采集系统[M]. 马延辉，史东杰，译. 北京：电子工业出版社，2015.

17. 王雪松，张良均. ETL 数据整合与处理（Kettle）[M]. 北京：人民邮电出版社，2021.

18. 黄源. 大数据分析：PYTHON 爬虫、数据清洗和数据可视化[M]. 北京：清华大学出版社，2020.

19. 斯夸尔. 干净的数据：数据清洗入门与实践[M]. 任政委，译. 北京：人民邮电出版社，2016.

20. 零一，韩要宾，黄园园. Python 3：爬虫、数据清洗与可视化实战[M]. 2 版. 北京：电子工业出版社，2020.